果园精细管理致富丛书

葡萄生产精细管理十二个月

师校欣　杜国强　主编

中国农业出版社
北　京

主　编　师校欣　杜国强

副主编　王　莉　杨丽丽　司　鹏

编著者　（按姓氏笔画排列）

王　莉　王燕霞　司　鹏

吉艳芝　师校欣　乔月莲

任　言　齐向丽　杜国强

杨丽丽　张向昆　耿青松

梁　晨　褚凤杰

前言

葡萄是世界上重要的经济作物，其果实不仅鲜食可口、风味独特、营养价值丰富，而且加工产品种类繁多、经济效益高。我国是葡萄生产大国，鲜食葡萄产量多年稳居世界第一，因地制宜发展葡萄栽培在农业经济中占有重要地位。在葡萄产业发展过程中，不断出现品种更新、种植模式转变以及栽培技术的革新，种植者迫切需要了解相关知识，掌握全面、实用的生产技术，为此我们编写了《葡萄生产精细管理十二个月》一书。

本书共分五章，第一章至第四章分别对葡萄产业的发展概况、优良品种和砧木、生物学特性、主要栽培技术等进行了阐述，主要栽培技术包括繁殖育苗、现代种植模式、整形修剪、施肥与水肥一体化、贮藏保鲜、病虫害防控等内容；第五章具体介绍了全年十二个月各月份的葡萄精细管理要点。在病虫害防控内容中，部分化学药剂未在葡萄作物上登记，便参考其在其他果树和蔬菜作物上的应用。全书理论与实践相结合，除了融入编者多年的科研成果、生产管理经验，还参考了大量文献资料，力求内容丰富、技术实用、便于操作，为广大葡萄种植者提供帮助，也可供葡萄研究者和生产者阅读参考。

在本书编写过程中，参考了一些已出版发行的书刊，在此对其作者表示衷心感谢。由于编者水平有限，本书难免出现差错、遗漏，或存在片面性观点，不妥之处请读者批评指正。

编　者

2022年2月

前言

第一章

概　　述

一、经济意义

葡萄（*Vitis vinifera* L.）属于葡萄科葡萄属，是一种藤本植物，在世界各国广泛栽培，产量及栽培面积一直居于果品生产前列，是重要的落叶果树树种之一。葡萄果实属于浆果类，色泽鲜艳、晶莹剔透，果肉酸甜可口、风味独特、营养丰富，可用于鲜食、制干、酿酒等，深受广大消费者的喜爱。

成熟葡萄浆果糖分以葡萄糖和果糖为主，含糖量达 15.0%～25.0%，浆果含多种果酸，可助消化、健脾、健胃。浆果中含有的钙、钾、磷、铁等矿物质及多种维生素均可调控机体代谢，常食葡萄可缓解神经衰弱、疲劳。此外，葡萄制成葡萄干后，糖和铁的含量较高，是妇女、儿童和体弱贫血者的滋补佳品。

葡萄还具有广泛的药用价值，我国历代医药典籍对此均有论述。中医认为，葡萄味甘微酸、性平，具有补肝肾、益气血、开胃力、生津液和利小便之功效；《神农本草经》载文记录，葡萄“主筋骨湿痹；益气倍力；强志；令人肥健，耐饥；忍风寒。久食轻身；不老延年”。现代医学研究表明，葡萄具有防癌、抗癌作用。

葡萄树进入结果期早，经济寿命长，产量高。一般在定植后第二年可开始结果，第三至第四年即可获得可观的产量。葡萄对风土的适应性强，具有较强的抗盐碱、耐瘠薄能力，盐碱地、沙荒地或山薄地经过适当改良后，均能成功进行葡萄栽培，同时，栽培葡萄还具有改良生态环境的功效。葡萄枝蔓软，可随架式作形，是用于园林绿化、长廊栽植的重要树种之一。

葡萄作为重要的果树经济作物在我国栽培广泛，在农业经济中占有重要地位。当前，我国葡萄生产以鲜食葡萄为主，鲜食葡萄产量多年稳居世界第一，因地制宜发展葡萄栽培将有利于推动社会经济发展和改善生态环境。

二、葡萄的起源与栽培历史

葡萄是最古老的果树树种之一，约在几千万年前由一种低矮的灌木进化为蔓生植物，比人类的起源要早得多。地质学家和植物学家的考古证据表明，葡萄栽培始于公元前 9000 年。栽培葡萄的发源地在中亚细亚南部及邻近的东方各国，包括土耳其、伊朗、阿富汗、南高加索、叙利亚、埃及、希腊等地区。约在 3 000 年前，沿地中海向西传入意大利和法国，15 世纪传入美洲、南非、澳大利亚和新西兰等地。

目前，葡萄栽培遍及欧洲、亚洲、非洲、美洲和大洋洲。多数葡萄园位于北纬 20°～52°和南纬 30°～45°之间，大约 95%的葡萄集中在北半球。

欧洲种葡萄大约在汉武帝时（公元前 2 世纪）由中亚传入我国。《史记》记载“大宛（今中亚的塔什干）以葡萄酿酒……张骞使西域，得其种还……中国始有”，其后葡萄由新疆、玉门关、经甘肃河西走廊至陕西长安，东渡黄河到山西，进而传至华北。葡萄引入我国后，经过多年的选育，培育出许多品种，在不同地区形成了不同的生态品种群。

我国也是葡萄属植物发源地之一，原产我国的葡萄品种有龙眼、红鸡心等，野生葡萄分布于南北各省。在长期的生产实践中，我国劳动人民选出了很多优良品种，积累了丰富的栽培经验。《本草纲目》对葡萄品种曾记载“圆者名龙珠，长者名马乳葡萄，白者名水晶葡萄，黑者名紫葡萄，尚有无核者”；《齐民要术》中记载了有关葡萄夏季修剪、冬季防寒和加工贮藏方面的技术。

三、葡萄产业栽培现状与发展

（一）世界葡萄产业现状

葡萄种植效益好、适栽范围广，从温带到寒带均有种植。根据OIV（葡萄与葡萄酒组织）统计，近十年来世界葡萄种植面积呈现基本稳定的趋势，2018年葡萄种植面积为740万公顷，主要种植国为西班牙、中国、法国、意大利和土耳其；葡萄总产量波动较大，2008年最低，为6 710万吨，2018年最高，为7 780万吨，葡萄产量排名前五的国家分别为中国、意大利、美国、西班牙和法国，约占全球葡萄总产量的52%。

从葡萄种植的区域布局来看，世界葡萄主要分布在欧洲，约占世界葡萄种植总面积的50%。西班牙、意大利和法国等均是世界重要的葡萄种植国，欧洲的葡萄80%用于酿酒。

亚洲是世界最古老的葡萄种植区之一，约占世界葡萄种植总面积的28%。主要的葡萄种植国有中国、土耳其、伊朗、斯里兰卡、阿富汗、塞浦路斯、伊拉克和日本。亚洲的葡萄主要用于鲜食、制干或其他非酒精产品。

美洲的葡萄种植面积约占世界葡萄种植总面积的15%，主要集中在美国、阿根廷、智利和巴西。美洲的葡萄主要用于酿酒。

非洲的葡萄种植面积约占世界葡萄种植总面积的5%，集中在地中海沿岸和南非。南非目前已成为世界主要葡萄酒生产国之一。

大洋洲的葡萄种植集中在澳大利亚和新西兰，约占世界葡萄种植总面积的3%。

（二）我国葡萄栽培现状

1949年以来，我国葡萄栽培可分为发展初期、快速发展期、波动发展期和调整发展期4个阶段。据国家统计局最新数据显示，截至 2018 年我国葡萄栽培面积达 72.5 万公顷，产量达 1 366 万吨，单产达 18.8 吨/公顷。近十年，我国葡萄种植面积和产量呈现平稳上升趋势，基本形成五大主产区，即东北冷凉气候产区、华北及环渤海湾产区、秦岭—淮河以南亚热带产区、西北及黄土高原产区、云贵高原及川西高海拔产区。

近年来，随着避雨栽培新模式应用，我国南方地区葡萄栽培面积成倍增长，带动了葡萄产业高质量、高效益发展，成为当前葡萄产业一道亮丽的风景线。设施栽培、设施延迟和一年两熟技术的成功应用使全国葡萄基本实现周年供应。

现有栽培葡萄中，巨峰、夏黑、藤稔和京亚等欧美品种种植面积约占葡萄总面积的 49%；欧亚品种以红地球、玫瑰香、无核白、维多利亚和火焰无核为主，约占葡萄总面积的 42%。近几年大力推广阳光玫瑰、金手指和魏可等品种，使得葡萄品种丰富度大大提高。鲜食葡萄栽培面积较大的省份主要有新疆、辽宁、陕西、江苏、广西、云南和山东；制干葡萄主要集中在新疆；酿酒葡萄栽培面积较大的省份主要有河北、甘肃、宁夏、山东和新疆。

（三）我国葡萄产业存在问题

虽然我国葡萄产业成绩喜人，但仍存在许多棘手问题，既有长期遗留下来的，也有新发展形势下产生的，主要表现在以下几个方面。

1. 种植结构不合理 葡萄栽培存在盲目性，品种结构不合理，早、中、晚熟品种搭配比例不合适，成熟期相对集中，产品同质化现象严重，市场竞争力明显不足。

2. 苗木市场不规范 目前苗木生产经营问题较多，其中突出问题是无病毒优质良种苗木繁育体系建设滞后和苗木生产管理不规范。主要表现为葡萄苗木繁育和经营以个体繁育户为主，现代化、专业化和规范化苗木生产企业少，各种苗木质量标准不明确，标准化程度低；国家及地方果树苗木管理法规缺失，致使生产流通缺乏有效管理与监督；尤其存在苗木商受利益驱动，过于片面追求新、奇、洋品种，忽略品种自身适应性，导致“炒种”现象的发生，致使苗木繁育与流通不规范，出圃苗木质量参差不齐，品种纯度难以得到有效保证，脱毒苗和抗砧嫁接苗等优质新品种苗木推广受到制约，远远不能满足生产和发展的需求。

3. **标准化管理欠缺** 虽然我国葡萄栽培面积较大，但多数还是以家庭为单位，难以形成标准化生产，不利于现代化栽培技术的应用，栽培成本高。近年来，部分区域葡萄种植户在葡萄栽培技术方面已经开始进行标准化操作，但许多产区还没有统一规范的生产操作技术和产品标准，优质标准化栽培理念尚未在广大葡萄种植者中普及，果农仍靠经验种植，采用粗放生产经营的方式，缺乏科学规划，盲目追求高产，大量使用化肥，乱用农药和植物生长调节剂，致使果品质量参差不齐、高产低质，重金属污染和农药残留量超标，果品安全不能保障，市场竞争力差。

4. **销售模式单一** 近年来全国各地虽然涌现出一些地域知名品牌和葡萄龙头企业，但数量较少、规模较小，对产业的带动作用不足，且企业与农户之间未能建立真正的利益共同体。销售主要靠收购客商到地头批发或农户自己到市场零售，销售模式相对单一，组织化程度不高。

5. **劳动力数量不足和素质不高** 目前，农村出现劳动力短缺的情况，且农业从业人员多数为中老年男性或妇女，劳动者文化和专业素质不高，缺乏经营高水平农业的能力，新技术推广和产品质量控制难度大，农民的科技培训力度有待进一步加大。

（四）我国葡萄产业发展趋势

1. **集约栽培规模将逐步扩大** 面对全球葡萄及葡萄酒市场竞争日益激烈的现状，葡萄栽培品种优良化和栽培区域化是葡萄产业发展的基础。因此，应继续以市场为导向，结合地区生态气候和区位优势，根据市场需求，优化葡萄品种，调整品种结构，提升果品质量和经济效益。在种植规模上，老产区应控制发展面积，保证果实品质，新产区应集中种植，取得更高的经济效益；在品种结构方面，由少数品种为主，向早、中、晚熟品种合理搭配转变，实现品种多元化和优良化栽培，早、中、晚熟品种搭配比例以3∶2∶5或4∶2∶4为宜。今后一段时期，我国将加快土地流转集中进程，势必给葡萄产业带来巨大变化，葡萄栽培龙头企业、大户将不断涌现，有利于葡萄产业规模化发展。

2. **标准化生产程度不断提高** 农业农村部启动了水果标准化示范园建设项目，葡萄标准化示范园遍布各葡萄主产区，数量也在逐年增加。以提质、节本、增效为目标，实施葡萄生产标准化、产品商品化、销售品牌化和经营规模化。坚持适地适种原则，规范操作规程，降低管理成本，提高葡萄的质量和安全水平。

3. **农药、化肥施用量不断减少** 培养良好的作物土壤，施用适量的有机肥或微生物菌剂，增加土壤有机质含量，改善土壤结构；利用根际精准施肥和配方施肥等现代肥料高效利用技术，大幅度减少化肥的使用并提高肥料利用率；节水灌溉技术的成熟使葡萄园推广根域局部干燥灌溉（PRD）、调亏灌溉（RDI）、精准灌溉等先进节水灌溉技术和水肥一体化技术得以实施。病虫害防治坚持预防为主、综合防治的原则，尽量采取生物防治，并注意适时用药，避免使用剧毒、高残留、广谱和易产生抗性的农药。

4. **种苗繁殖推广体系不断规范** 专业化、规模化和标准化是未来葡萄苗木生产的显著特点，为实现葡萄高标准建园奠定良好基础。建立以定点生产企业为主体、以国家和省级果树科研和技术推广机构为依托的葡萄苗木繁育体系，实现种苗生产的有序性、规范化和规模化，实施苗木无病毒和标准化，保证葡萄苗木的质量和纯度，控制检疫性病虫害蔓延扩散，促进脱毒嫁接苗木的推广和普及。同时重视和加强葡萄抗性砧木的选育及使用，提倡利用优良砧木进行嫁接栽培。大型专业化葡萄苗圃将不断增加，逐步取代分散、无序的苗木繁育经营者。未经审定的葡萄品种不能在生产上推广应用，同一品种随意更名现象将得以有效控制。种苗检疫和种苗消毒制度将得以落实，可有效抵御外来有害生物入侵。

5. **新栽培模式广泛应用** 近年来，葡萄避雨栽培模式逐渐被广大果农接受，自南方开始逐渐向北方葡萄产区扩展，避雨栽培应用面积迅速增加，采用此模式栽培，可大大减轻葡萄病害发生，节约农药成本，同时有利于无公害、绿色果品生产。

为满足葡萄市场需求和获得更大的经济效益，设施葡萄的栽培面积迅速扩大，且已形成一定规模和市场。葡萄设施栽培可使果品成熟期最大限度排开，提早或延迟上市，售价较高，收益可观；设施栽培下，葡萄可免去冬季埋土防寒工作，节约劳动力成本，枝蔓不受伤害，同时设施还起到避雨作用，可谓一举多得；另外，设置防鸟网可防止葡萄果实成熟时遭受鸟害。

6. 现代化管理程度不断提高 随着科技进步，葡萄栽培正由传统种植向智慧果园方向发展，果园信息化、智能化、省力化和机械化程度不断提高，以解决劳动力不足、劳动者个体差异大、管理盲目等问题，提高劳动效率，有利实现栽培管理标准化，促进产业向优质、绿色、高效方向发展。

7. 产业链条不断延长 葡萄果实可鲜食、酿酒、制干和制汁等，同时葡萄产业还是极易与旅游业结合的资源，发展观光葡萄园，金秋举办葡萄节，进行贸易洽谈活动，可使游客观赏到美丽的葡萄园，品尝到甜美的葡萄酒，形成葡萄种植、加工、旅游三位一体的立体发展模式。

第二章

葡萄优良品种和砧木

一、葡萄优良鲜食品种

（一）早熟品种

1. 奥古斯特（Augusta） 欧亚种，原产罗马尼亚。亲本为意大利×葡萄园皇后，由罗马尼亚布加勒斯特农业大学育成。1996年由河北省农林科学院昌黎果树研究所从罗马尼亚引入我国。

果穗大，圆锥形，平均穗重580克，最大可达1 800克。果粒着生较紧密，短椭圆形，粒大且均匀一致，平均粒重8.3克，最大粒重12.5克。每果含种子2～3粒，种子与果肉易分离。可溶性固形物含量15.0%，可滴定酸含量0.43%。果皮绿黄至金黄色，皮中厚，果粉薄。果肉质地硬脆，香甜适口，有玫瑰香味，鲜食品质上等。耐拉力强，不易脱粒，耐运输。

该品种生长势强，枝条成熟度好，结实力强，每个结果枝平均着生果穗数1.6个。早果性好，定植第二年开始结果，副梢结实力极强，其果枝率达50%。丰产性强，抗病力较强，抗旱力、抗寒力均中等。在河北邯郸地区，3月底至4月初萌芽，5月中旬开花，7月中旬果实成熟；华北地区日光温室栽培5月中下旬即可成熟。

该品种适合篱架、棚篱架或小棚架栽培，以中、短梢修剪为主。应均衡施肥，及时夏剪，控制结果量。

2. 宝光（Baoguang） 欧美杂交种。河北省农林科学院昌黎果

树研究所以巨峰×早黑宝为亲本杂交育成，2013 年通过河北省良种审定。

果穗巨大、圆锥形，果穗较紧，平均穗重 730 克，最大穗重 1 650 克。果粒特大、椭圆形，果皮紫黑色，皮薄，果粉较厚，平均粒重 13.5 克，最大粒重 20.0 克。果肉较脆，可溶性固形物含量达 18.5%以上，可滴定酸含量 0.47%，属草莓香和玫瑰香混合香型。

该品种在河北昌黎地区 8 月上旬成熟，结实力强，二年生平均亩产为 1 800 千克，可连年丰产。抗葡萄霜霉病、葡萄炭疽病、葡萄白腐病能力较强。对土壤条件要求不严，适宜在沙土、沙壤土等地栽培。耐弱光，需冷量低，适合露地及设施栽培。该品种结实力强，应及时疏除果穗，合理控制产量。

3. **春光**（Chunguang） 欧美杂交种。河北省农林科学院昌黎果树研究所以巨峰×早黑宝为亲本杂交育成，2013 年通过河北省良种审定。

果穗圆锥形、巨大，平均穗重 651 克。果粒椭圆形，粒大，果实蓝黑色，皮中厚，果粉较厚，平均粒重 9.5 克，最大粒重 17.0 克。可溶性固形物含量 18.0%，最高可达 22.5%，可滴定酸含量 0.51%。果实肉脆，具玫瑰香味与草莓香味的混合气味，品质佳。

该品种结实力强，每结果枝平均着生 1.3 个果穗，副梢结实力强，容易结二次果，可进行一年两收栽培。丰产性强，具有早结果、早丰产的优点。抗逆，适应性范围广，抗旱性中等。抗葡萄霜霉病、炭疽病、白腐病能力较强。该品种成熟期早，在河北昌黎地区 7 月下旬果实充分成熟。对肥水要求较严格，适宜在通透性较好的沙壤土中栽培，适宜露地及保护地栽培。

4. **黑芭拉多**（Heibaladuo） 欧亚种（彩图 1）。日本甲府市的米山孝之氏以米山 3 号×红芭拉多为亲本杂交育成，2009 年通过品种登记。

果穗长圆锥形，穗大，松紧适度，平均穗重 500 克，最大穗重 1 300 克。果粒长椭圆形，粒特大，平均粒重 10.5 克，疏果后平均粒重12.0克。每果含1～3粒种子，2粒居多。果肉脆，肉质感强，可溶性固形物含量19.0%，最高达24.0%，有较浓郁玫瑰香味，品质风味优质。果皮紫红至深紫红色，着色快而齐，果粉厚，皮较薄，不易剥离。果柄细而柔软，果刷较长，与果实结合牢固，不掉粒，货架期长。

植株生长势中庸，结实力和早期丰产性强。枝条易成熟，抗寒性强。抗病性强，尤其抗葡萄褐斑病、黑痘病和霜霉病。在山东金乡地区避雨棚内栽培，3月底萌芽，5月中旬开花，7月上旬完全成熟，从萌芽至果实成熟约100天。

该品种早期丰产性强，适合保护地促早栽培。单篱架、V形架和小棚架栽培均可。宜中、短梢混合修剪，无须精细疏粒，在避雨棚内栽培可套白色蜡纸袋，着色容易，不必提前摘袋上色。

5. 户太8号（Hutai 8） 欧美杂交种。由西安市葡萄研究所从巨峰系奥林匹亚葡萄芽变中选育，1996年通过陕西省品种审定。在陕西省栽植面积较大。

果穗圆锥形，穗大而紧密，平均穗重500克。果粒特大、近圆形，果粒重10.0～15.0克。每果含1～2粒种子。可溶性固形物含量16.0%～20.0%，可滴定酸含量0.40%～0.50%。果皮紫红色或紫黑色，皮中厚，果粉厚，果皮与果肉易分离，果肉细脆，甘甜爽口，有玫瑰香味，口感优质。果刷长，不易落粒，耐贮运，品质优良。

该品种树势旺盛，萌芽率79.0%以上，结果枝率高，每果枝多着生1～2个果穗。连续结果能力强，高产丰产。抗性强，耐旱、抗寒，对葡萄多发病如霜霉病、黑腐病、褐斑病等有较强抗性。无核化处理可得优质无核葡萄。在山东泰安地区4月24日左右萌芽，5月20日左右始花，8月下旬浆果成熟，从萌芽至浆果成熟110～120天。

栽培上采用V形篱架或T形架整形，及时疏花、疏果，保证树体合理留果量，可增大果粒。

6. 火焰无核（Flame Seedless） 优良无核品种，又名弗蕾无

核。欧亚种（彩图 2）。原产美国，为美国 Fresno 园艺试验站杂交选育的无核品种，1983 年引入我国。鲜食与酿造两用品种。

果穗较大、长圆锥形，平均穗重 400 克，果实着生中等紧密。果粒中小、圆形，平均粒重 3.0 克。可溶性固形物含量 16.0%，可滴定酸含量 0.45%。果皮鲜红或紫红色，果皮薄，果粉重，果肉硬脆，果汁中等多，味甜。

植株生长势强，芽眼萌发率高。每个结果枝平均有花序 1.2 个，副梢结实力中等，产量较高。果实成熟早，抗病力、抗寒力较强。在辽宁兴城地区 8 月下旬成熟，果实成熟期一致，丰产，适应性较强。宜小棚架或 V 形篱架栽培，以中、短梢修剪为主。

7. **金星无核**（Venus Seedless） 优良无核品种，又名维纳斯无核。欧美杂交种（彩图 3）。原产美国，以 Alden×N. Y46000 杂交育成。1977 年发表，1988 年引入我国。

果穗较大，圆锥形或圆柱形，有副穗，平均穗重 370 克。果粒圆形或短椭圆形，中等大，平均粒重 4.2 克。无核或有残存种子。可溶性固形物含量 16.0%～19.0%，可滴定酸含量 0.90%。果实紫黑色，果粉厚，果皮中厚，果皮与果肉易分离。果肉略软、多汁，有浓郁的欧亚种和美洲种混合香味。果刷长，无裂果、脱粒现象。

植株生长势旺盛，萌芽率 90.0%，结果枝率 86.0%，每个结果枝平均着生花序 1.6 个，副梢易形成花芽。早果性、丰产性均强。该品种对葡萄黑痘病、霜霉病及白腐病抗性较强，抗寒性强。在河北中南部地区，4 月初萌芽，5 月上旬开花，6 月下旬始着色，7 月底浆果充分成熟，从萌芽到浆果成熟需 110 天左右。

该品种抗潮湿、抗病，适宜在华中、华东地区栽培，宜小棚架栽培和短梢修剪。易形成花芽，应通过抹芽、疏枝、疏果穗来调节产量。果粒偏小，分别在盛花末期及盛花后 14 天采用 25 毫克/升赤霉素蘸穗处理，可增加粒重。该品种与其他品种混栽时易形成种子，应注意单品种集中栽植。

8. **京秀**（Jingxiu） 欧亚种。中国科学院植物研究所北京植物园于1994年育成，亲本为潘诺尼亚×60－33（玫瑰香×红无籽露）。

果穗圆锥形带副穗，穗大，平均穗重550克，最大穗重1 100克。穗粒整齐，果粒着生紧密或极紧密。果粒椭圆形，果粒大，平均粒重6.5克，最大粒重11.0克，每果含种子1～4粒，种子小，种子与果肉易分离。可溶性固形物含量14.0%～17.0%，可滴定酸含量0.30%～0.40%。果实完熟时呈玫瑰红或鲜紫红色，果粉中厚，果皮中厚，无涩味。果肉脆，汁多味甜，酸度低。果刷长，果粒着生牢固，不易落粒，不裂果，耐贮性好。鲜食品质上等。

该品种生长势较强，芽眼萌发率为63.8%。结果枝率中等，每个结果枝平均着生果穗1.2个，隐芽萌发的新梢结实力强，夏芽副梢结实力低，枝条成熟度好。花序大，坐果率高，早果性好，挂果期长，产量高。抗病能力中等，易感葡萄霜霉病、炭疽病。抗旱和抗寒能力较强。在北京地区，4月中旬萌芽，5月下旬开花，7月下旬浆果成熟，从萌芽至浆果成熟需100天左右。

该品种适宜棚架、篱架栽培，以长、中梢结合修剪为主。在干旱、半干旱地区种植较好。应控制负载量，及时疏花、疏果，每个结果枝只留1个果穗，视树势、果穗大小每穗留60～80粒果。

9. **京亚**（Jingya） 欧美杂交种，四倍体。由中国科学院植物研究所北京植物园从黑奥林实生苗中选出，1990年通过品种审定。

果穗较大，圆锥形或圆柱形，有副穗，平均穗重400克，最大穗重700克。果穗整齐度稍差，有大小粒现象，果粒着生紧密或中等。果粒椭圆形、特大，平均粒重10.8克，最大粒重20.0克。每果含种子1～3粒，多为2粒，种子与果肉易分离。可溶性固形物含量13.5%～18.0%，可滴定酸含量0.65%～0.90%。果皮紫黑色或蓝黑色，皮中厚较韧，果粉厚。果皮与果肉易分离。果肉较软，汁多，味酸甜，微有草莓香味，鲜食品质中上等。不易脱粒，耐贮运。

树势较强或中等，芽眼萌发率为79.9%，结果枝占芽眼总数的54.5%，每个结果枝上着生2～3个果穗。早果性好，抗寒性、

抗旱性、抗病性均强。在牡丹江地区，5 月 7 日左右萌芽，6 月 20 日左右开花，7 月末果实变软，8 月下旬浆果成熟，从萌芽至浆果成熟需 110 天，比巨峰早熟 20 天左右。

浆果早期酸度大，不宜过早采收，晚采易皱果，应适时采收。赤霉素无核化处理后，果粒大小整齐，但要注意果穗整理。

该品种篱架、棚架栽培均可，宜中、短梢结合修剪。做好疏剪工作保持良好树形，确保通风透光。

10. 京玉（Jingyu） 欧亚种。由中国科学院植物研究所北京植物园于 1992 年育成，亲本为意大利×葡萄园皇后。

果穗圆锥形或双歧肩圆锥形，带副穗，穗巨大，平均穗重 685 克，最大穗重 1 400 克。果穗大小整齐，果粒着生中等紧密。果粒椭圆形，粒大，平均粒重 6.5 克，最大粒重 12.0 克。每果含种子 1～2 粒，种子与果肉易分离。可溶性固形物含量 13.0%～16.0%，可滴定酸含量 0.48%～0.55%。果粉中厚，果皮黄绿色，皮薄，未完熟或干旱年份稍有涩味。果肉硬脆，汁多味甜，无香味，鲜食品质上等。不易裂果，耐贮运。

生长势中庸或偏强，副梢结实力强，可一年两熟。每个结果枝平均着生果穗数为 1.2 个。坐果率高，丰产性好，早果性好，产量高。较抗葡萄黑痘病、白腐病和“水罐子”病，易感炭疽病。在北京地区，4 月中下旬萌芽，5 月下旬开花，8 月上旬浆果成熟，从萌芽至浆果成熟需 97～115 天。

该品种篱架、棚架栽培均可，宜中、长梢修剪。适合干旱、半干旱地区种植。南方雨水多的地区可采用保护地栽培模式。

11. 蜜汁（Honey Juice） 早熟鲜食、制汁品种，欧美杂种，原产日本，亲本为奥林匹亚×弗雷多尼亚。

果穗圆柱形，穗较大，平均穗重 304 克，最重可达 427 克，果粒着生紧密适中。果粒近圆形，粒大，平均粒重 8.0 克。种子 1～4 粒，多为 2 粒。可溶性固形物含量 15.5%～17.0%，可滴定酸含量 0.91%～1.01%。果粒紫红色，上色快，成熟一致，果皮较厚，皮肉不分离。果肉黄绿色、柔软多汁、味甜，其风味和品质明显优于巨峰。果粒发育均匀，果刷短且粗，果粒附着牢固，不落粒。

该品种抗病、抗寒性强，在沙滩瘠薄地生长良好，也是寒冷地区主栽品种，适于城市近郊发展。应根据树形、树势及肥水管理条件灵活掌握，对中、弱枝进行短梢修剪，对强枝进行中梢修剪。确定留芽量，确保植株当年枝梢成熟良好，有利于植株安全越冬、丰产和稳产。

12. **蜜光**（Miguang） 欧美杂交种。由河北省农林科学院昌黎果树研究所育成，亲本为巨峰×早黑宝，2013 年通过河北省良种审定。

果穗圆锥形，穗巨大，平均穗重 720 克。果粒近圆形，粒大，平均粒重 9.5 克，最大粒重 18.7 克。可溶性固形物含量达 19.0%以上，可滴定酸含量 0.49%。果皮紫红色，充分成熟紫黑色。果肉脆而硬，具浓郁玫瑰香味。耐贮运，品质上等。

植株生长势较强，枝条成熟度高，芽眼萌发率达 73.7%，结实力强，每个结果枝平均着生 1.3 个果穗，副梢结实力强，容易结二次果，可进行一年两收栽培。结果早、丰产稳产。在河北昌黎地区，二年生亩产 1 650 千克。对葡萄霜霉病、白腐病和炭疽病抗性均强。抗逆性、抗旱性均强。在河北昌黎地区，4 月中旬萌芽，5 月下旬开花，7 月上中旬果实开始着色，8 月上旬果实充分成熟，从萌芽至果实成熟需 112 天左右。

该品种适宜露地及保护地栽培，可延长市场供应期，南方宜避雨栽培，是观光休闲采摘葡萄园的首选品种。棚架或篱架栽培均可。

13. **矢富罗莎**（Yatomi Rose） 又称粉红亚都蜜，欧亚种（彩图 4）。由日本园艺家矢富良宗通过杂交育成，1990 年注册，1995 年引入我国。

果穗圆锥形，穗巨大，平均穗重 800 克，最大穗重 2 000 克，果粒极紧凑。果粒长椭圆形，粒大，平均粒重 8.0 克，疏花疏果后粒重可达 10.0～12.0 克。可溶性固形物含量 18.0%～21.0%，可滴定酸含量 0.40%左右。果皮颜色完熟呈紫红色，皮薄而韧，果

粒极抗挤压，压扁不破碎。果肉酥脆，刀切片后不流汁，有浓郁的玫瑰香味，低酸，口感好，品质上乘，商品性好。果刷长，与果实结合牢固。耐贮运性强，货架期长。

抗逆性强，丰产稳产，土壤过于黏重或氮肥过多易造成徒长。抗葡萄黑痘病、霜霉病能力差。在山东临清市露地栽培，6月中旬开始着色，6月下旬成熟；温室栽培5月上旬即可上市。

该品种篱架、棚架栽培均可；适合套袋栽培和保护地栽培。冬季以中、长梢修剪为主，适当多留结果母枝。

14. 维多利亚（Victoria）　欧亚种，原产地罗马尼亚。罗马尼亚德哥沙尼葡萄试验站采用绯红与保尔加尔杂交育成。1996年河北省农林科学院昌黎果树研究所自罗马尼亚引入我国。

果穗圆锥形或圆柱形，穗巨大，平均穗重730克，最大穗重1 500克。果粒着生中等紧密。果粒长椭圆形，粒大，平均粒重9.5克，最大粒重15.0克。种子多为2粒，种子与果肉易分离。可溶性固形物含量16.0%，可滴定酸含量0.37%。果皮绿黄色，完熟呈金黄色，果皮中厚，果肉硬而脆，口味甘甜爽口。不脱粒，耐贮运，丰产性好，鲜食品质上等。

该品种结果枝率和结实力均高，每个结果枝平均着生果穗1.3个，夏芽副梢结实力强。抗灰霉病能力强，抗霜霉病、白腐病能力中等。在河南周口市4月上中旬萌芽，5月中下旬开花，7月中下旬果实成熟，可挂树延迟到8月中旬，从萌芽至浆果成熟需110天左右。

此品种结果枝率和双穗率都非常高，应严格控制负载量，及时疏果，促进果粒膨大。树势中庸偏弱，宜适当密植。宜篱架或小棚架栽培，以中、短梢修剪为主。该品种可在干旱、半干旱地区种植。

15. 无核早红（Wuhezaohong）　优良无核品种，又名超级无核、无核8611。欧美杂交种，河北省农林科学院昌黎果树研究所与昌黎县合作育成的中国首例三倍体品种，亲本为郑州早红×巨峰，1998年通过品种审定。

果穗圆锥形、中大，平均穗重 190 克，果穗较紧。果粒近圆形、中等大，平均粒重 4.5 克。可溶性固形物含量 14.5%。果皮鲜红色或紫红色，果粉和果皮均中等厚，着色均匀一致。果肉较脆，酸甜适口，鲜食品质较优。成熟后不易脱粒，较耐贮运。

该品种生长势强。每个结果枝平均着生果穗 2.4 个，夏芽副梢结实力强，容易结二次果。早果性好，丰产性强。适应性强，抗旱，耐盐碱。对葡萄白腐病、黑痘病、炭疽病、霜霉病的抗性较强。在河北沧州地区，4 月中旬萌芽，5 月下旬开花，7 月中旬浆果成熟；采用日光温室栽培模式，5 月上旬即可成熟上市。

该品种适宜棚架栽培，尤其是小棚架栽培，可用于保护地栽培。用膨大素处理后，果穗、果粒增大 1 倍以上。注意及时摘心、疏花、疏果，严格控制负载量，提高坐果率。在华北、华南、西北、东北及中部等地均可种植。

16. 夏黑（Summer Black） 优良无核品种，欧美杂种，三倍体（彩图 5）。日本山梨县果树试验场于 1968 年以巨峰×无核白杂交选育而成，1998 年南京农业大学从日本引入我国。

果穗大，圆锥形或圆柱形，部分为双歧肩圆锥形，平均穗重 410 克，果粒着生紧密或极紧密，大小整齐。果粒近圆形，粒小，粒重约 3.5 克。可溶性固形物含量 17.0%～18.3%，最高可达 23.0%。果实紫黑色，果皮厚，果实易着色且上色一致，无涩味，果粉厚。果肉硬脆，有浓郁的草莓香味，果汁紫红色，鲜食品质上等。无裂果，不脱粒，耐贮运。

植株生长势极强，芽眼萌发率 85.0%～90.0%，成枝率 95.0%，枝条成熟度中等。隐芽萌发力中等，隐芽萌发的新梢结实力强。每个结果枝平均着生花序 1.5 个。丰产性强，抗病力强。在河北中南部地区，3 月底至 4 月初萌芽，5 月中旬开花，7 月下旬浆果成熟，从萌芽到成熟需 110～115 天（彩图 6）。

可采用 V 形架面整形方式，有利于通风透光。坐果后应较重疏果，否则既影响果粒膨大，又易烂果。适当疏果并经膨大处理后，果粒增大 1 倍以上，且肉质不软，风味不变。必须注意控产，

否则果实品质下降，成熟期延迟，严重影响经济效益。该品种可在全国各葡萄产区栽培。

17. 无核白鸡心（Centennial Seedless）　优良无核品种，又名森田尼无核，欧亚种。原产美国，由美国加州大学育成，亲本为 Gold×Q_{25-6}，1983 年引入我国。

果穗圆锥形，穗巨大，平均穗重 750 克，最大穗重 1 750 克，果穗大小较整齐，果粒着生紧密或较紧密。果粒鸡心形，粒大，平均粒重 7.2 克，最大 9.0 克。含糖量 15.0%～16.0%，可滴定酸含量 0.55%～0.65%。果实黄绿色或金黄色，果粉薄，果皮薄而韧，与果肉较难分离。果肉硬脆，汁较多，酸甜适口，微有玫瑰香味，鲜食品质上等。果粒着生牢固，不易落粒，不易裂果，耐贮运。

植株生长势强，芽眼萌发率 60.5%，结果枝率为 68.4%，每个结果枝平均着生果穗 1.7 个。丰产性好，抗逆性中等，抗霜霉病能力与巨峰品种相似，抗葡萄黑痘病和白腐病能力较弱。在辽宁沈阳地区，5 月初萌芽，6 月上旬开花，8 月中下旬浆果成熟，从萌芽到浆果成熟需 110～115 天。

因该品种生长势强，应保持树势中庸及保证花芽数量、质量和稳产性。赤霉素处理后果粒可增大 1 倍左右。适合全国大多数地区种植，特别适宜半干旱和干旱可灌水地区栽培，在南方多雨气候条件下适合大棚栽培。宜棚架栽培，中梢修剪。

18. 香妃（Xiangfei）　欧亚种（彩图 7）。北京市农林科学院林业果树研究所以 73－7－6（玫瑰香×莎巴珍珠）×绯红为亲本育成，2000 年通过北京市品种审定。在国内大部分地区均有种植。

果穗圆锥形带副穗，穗大，平均穗重 438 克，最大穗重 531 克。果穗大小整齐，果粒着生中等紧密。果粒中等大，近似圆形，平均粒重 6.7 克，最大粒重 9.4 克。每果含种子 2～5 粒，多为2 粒，种子与果肉易分离。可溶性固形物含量 17.7%，含糖量 16.0%，可滴定酸含量 0.58%。果皮绿黄色，完熟时金黄色，果粉中厚，皮薄。果肉脆，汁多，味酸甜，且无涩味，有浓郁玫瑰香味，酸甜适度，鲜食品质上等。

生长势中等偏旺，萌芽率较高，平均75.4%，成花力强，结果枝率61.6%，每个结果枝平均着生果穗1.3个。早果性好，抗逆性较强，抗葡萄白腐病、黑痘病能力强，抗葡萄白粉病能力中等，易感葡萄霜霉病。在安徽合肥地区，3月30日萌芽，5月6日始花期，5月7日盛花期，6月15日果实开始着色，7月19日果实成熟，从萌芽到浆果成熟需110天左右。

该品种棚架、篱架栽培均可，适宜中、短梢修剪。花后及时疏果，要严格控制负载量。在成熟期遇雨易裂果，应注意水分管理、套袋和适时采收。多雨地区可保护地栽培。该品种适宜在干旱、半干旱地区栽培。

19. **乍娜**（Zana） 欧亚种。原产地阿尔巴尼亚，1975年引入我国。

果穗圆锥形或长圆锥形，无副穗，穗巨大，平均穗重860克，最大穗重达1 150克。果粒着生中等紧密，果粒大，近圆形或椭圆形，平均粒重9.6克，最大粒重可达17.0克。每果含种子1～4粒，2粒居多，种子与果肉易分离。可溶性固形物含量15.5%，可滴定酸含量0.38%～0.45%。果皮红紫色，皮中厚，果粉薄，肉质较脆，清甜，微有玫瑰香味。果刷长，果粒不易脱落。

植株生长势较强，结果枝占总芽眼数的36.6%，每个结果枝平均着生果穗1.4个，副梢结实力强，较丰产。遇雨易裂果，耐运输。对葡萄黑痘病、霜霉病抗性较弱。在河北昌黎地区4月18日萌芽，5月27日左右开花，7月18日果实开始着色，8月初果实充分成熟，从萌芽至果实成熟的生长天数为110天左右。

该品种适宜棚架、篱架栽培，采用中梢修剪。栽培管理注意修穗和疏果，果实着色开始时避免浇水，并在植株基部铺盖地膜，控制雨水渗入土中，可提高品质、防止裂果。

20. **早黑宝**（Zaoheibao） 欧亚种，四倍体。山西省农业科学院果树研究所以瑰宝×早玫瑰的杂交种子经秋水仙素诱变育成，2001年通过山西省品种审定。

果穗圆锥形带歧肩，穗大，平均穗重 426 克，最大穗重 930 克，果粒着生紧密。果粒大，短椭圆形，平均粒重 7.5 克，最大 10.0 克。每果含种子 1～3 粒，种子较大。可溶性固形物含量 15.0%。果皮紫黑色，皮较厚且韧，果粉厚。果肉较软，完熟时有浓郁玫瑰香味，味甜，品质上等。

树势中庸，平均萌芽率 66.7%，平均枝果率 56.0%，每个结果枝平均花序数为 1.4 个，副梢结实力中等，丰产性强。不裂果。抗葡萄白腐病能力强，中抗葡萄霜霉病。在山西晋中地区 4 月中旬萌芽，5 月 27 日开花，7 月 7 日果实开始着色，7 月 28 日果实完全成熟，从萌芽到浆果成熟需 100 天左右。

该品种适宜篱架栽培，中、短梢混合修剪，以中梢修剪为主。果粒着生紧密，应及时疏花、整穗，控制负载量。果实着色阶段果粒增大显著，应加强着色前的肥水管理。适宜华北、西北地区栽植。

（二）中熟品种

1. 峰光（Fengguang）　欧美杂交种。由河北省农林科学院昌黎果树研究所育成，亲本为巨峰×玫瑰香，2013 年通过河北省良种审定。

果穗圆锥形，穗巨大，果穗中等紧密，平均穗重 636 克。果粒特大，平均粒重 14.2 克，最大 19.8 克。可溶性固形物含量达 18.2%以上，可滴定酸含量 0.46%。果皮紫黑色，皮中厚，着色好，果粉较厚。果肉较脆，有草莓香味，风味甜，品质上乘。

该品种结实力强，丰产稳产，果实坐果率高，易结二次果。抗病、适应性强。在着色、肉质、品质、产量等主要经济性状上均超过母本巨峰。在河北昌黎地区 8 月底果实成熟；在广西南宁地区，3 月中旬萌芽，4 月上中旬开花，6 月上中旬转色，7 月中旬果实成熟，从萌芽到果实成熟需 124～126 天。

扦插、嫁接繁殖均可。小棚架栽培宜采用独龙干整形，篱架栽培宜采用单层水平龙干形整枝或 V 形整形，每株留 1～2 个主蔓，冬季修剪以中、短梢修剪为主。注意疏芽、抹梢和摘心，以利通风透光。可在果粒为黄豆大时，对果穗进行整形、疏粒及套袋。

2. **金手指**（Gold Finger） 欧美杂种。1982 年由日本葡萄育种家原田富一育成，1997 年引入我国。因其果实呈弓形，头稍尖，色泽金黄，故命名为金手指。

果穗大，长圆锥形，松紧适度，平均穗重 445 克，最大980 克。果粒长椭圆形至长形，略弯曲，呈菱角状，粒大，平均粒重 7.5 克，最大可达 10.0 克。每果含种子 0～3 粒，多为 1～2 粒，有瘪子，无小青粒。可溶性固形物含量 18.0%～23.0%，最高达 28.3%。果实黄白色，果粉厚，皮薄可剥离，外形美观，可带皮食用，口感甘甜清爽，品质上等。不易裂果，耐挤压，耐贮运性好，货架期长，商品性高。

植株生长势中庸偏旺，根系发达，新梢较直立，始果期早，定植第二年结果株率达 90.0%以上，结实力强。三年生平均萌芽率 85.0%，结果枝率 98.0%，平均每个结果枝着生 1.8 个果穗，副梢结实力中等。在鲁西南地区，4 月上旬萌芽，5 月中旬开花，7 月中下旬果实成熟，比巨峰早熟 10～15 天。抗寒性、抗病性、抗涝性、抗旱性均强，对土壤、环境要求不严格，全国各葡萄产区均可栽培。

3. **巨峰**（Kyoho） 四倍体，欧美杂交种。亲本为石原早生×森田尼，原产日本，由日本人大井上康育成，1945 年正式命名发表，1959 年引入我国。是我国目前栽培范围最广、面积最大的鲜食葡萄品种。巨峰是培育大粒鲜食品种的优良亲本，许多巨峰系大粒品种都源于此品种。

果穗圆锥形或长圆锥形，无副穗或有小副穗，穗柄较短，果穗大，平均穗重 400～600 克，最大穗重 1 500 克，果粒着生中等紧密。果粒椭圆形或圆形，粒特大，平均粒重 12.5～13.3 克，最大粒重 20.0 克。每果含种子 1～3 粒，果肉与种子易分离。可溶性固形物含量 14.2%～16.2%，可滴定酸含量 0.55%～0.59%。果实黑紫色，皮厚，肉质中等，汁多，味酸甜，有草莓香味，果皮与果

肉易分离。果刷短，成熟后易落粒，鲜食品质中上等。

植株生长势强，萌芽率96.5%，结果枝占总芽眼数的60.0%以上，每个结果枝上平均着生花序1.6～1.7个，副芽、副梢结实力强。丰产性强，适应性强，耐湿，抗葡萄黑痘病，对葡萄白腐病、炭疽病抗性中等，抗葡萄霜霉病能力较弱，较耐运输。落花落果严重，进入盛果期后果穗易松散。果实成熟度不一致。在华北地区，3月底至4月初萌芽，5月上中旬开花，7月中下旬果实开始着色，8月中下旬浆果成熟，从萌芽到成熟需135～145天。

该品种在我国南北各地均可栽培。树势强旺，易徒长，应注意保持树势中庸。长、中、短梢修剪均可，以中、短梢修剪为主。栽培时注意合理施肥和浇水，注意花前修整花序、主梢摘心及副梢处理，花期喷0.3%的硼砂或硼酸，可以提高坐果率。在多雨地区和年份，注意病虫害防治。

4. **巨玫瑰**（Jumeigui） 欧美杂交种，四倍体。大连市农业科学研究院以沈阳玫瑰（4X）×巨峰为亲本育成，2002年通过专家鉴定。

果穗圆锥形带副穗，穗巨大，平均穗重975克，最大穗重可达1 250克，果穗大小整齐，果粒着生中等紧密。果粒特大，椭圆形，平均粒重10.1克，最大粒重17.0克。每果含种子1～2粒，果肉与种子易分离。可溶性固形物含量19.0%～25.0%，可滴定酸含量0.43%。果皮紫红色，皮中厚，果粉中等，着色好，外观美，成熟一致。果肉较脆，多汁，味酸甜，有浓郁玫瑰香味，鲜食品质上等。

植株生长势强，芽眼萌发率高，结果枝率63.2%。每个结果枝平均着生果穗2.1个，副梢结实率强。早果性好，易丰产。不脱粒，不裂果。抗逆性强，对葡萄霜霉病、黑痘病、白腐病、炭疽病等病害有很强的抗性。在河南偃师市3月下旬萌芽，5月13日开花，6月上旬开始着色，8月中旬浆果成熟，从萌芽到浆果成熟约138天。

宜棚架栽培，采取单株单蔓或单株双蔓龙干形整枝，冬剪以短梢修剪为主。抗病性较强，但生长后期应注意防治葡萄霜霉病。幼树期应控制树势，保持树势中庸偏强，不宜过旺。在巨峰系品种栽培区均可种植。

5. **京优**（Jingyou） 欧美杂种。中国科学院植物研究所北京植物园从黑奥林实生苗中选出，2001年通过北京市品种审定。

果穗圆锥形，有副穗，穗大，平均穗重544克，最大穗重850克，果穗整齐，果粒着生紧密或中等紧密。果粒特大，椭圆形或近圆形，平均粒重11.0克，最大粒重16.0克。每果含种子1～4粒，种子与果肉易分离。可溶性固形物含量14.0%～19.0%，最高可达23.0%以上，可滴定酸含量0.55%～0.73%。果实红紫色或紫黑色，皮中厚，果粉中等厚，与果肉易分离。果肉厚而脆，香甜适口，微有草莓香味，着色初即可食用。

植株生长势较强，萌芽力为隐芽中等、副芽强，副梢结实力极强，每个结果枝平均着生果穗1.4个。早果性好，丰产性好。抗寒、抗旱力较强。有的年份有裂果现象。在北京地区，4月中旬萌芽，5月下旬开花，8月上中旬浆果成熟，从萌芽至浆果成熟需111～125天，浆果比巨峰早熟10～15天，比藤稔早熟10天左右，品质优于藤稔。

篱架、棚架栽培均可。宜以中梢修剪为主的长、中、短梢混合修剪。栽培管理上应注意疏花、疏果，该品种结实力特强，要严格控制产量。全国各地均可栽植。

6. **蓝宝石**（Sweet Sapphire Grapes） 优良无核品种，别名甜蜜蓝宝石，欧亚种。

果穗巨大，圆锥形，平均穗重750～1 000克，最大穗重可达2 500克，果粒着生松紧适度，整齐。果粒长5厘米左右，长圆柱形，粒特大，平均粒重10.0克。果实蓝黑色，着色均匀，皮薄易剥。果肉硬脆，刀切成片，风味纯正，有淡玫瑰及牛奶香味，脆甜无渣，可溶性固形物含量20.0%以上，在干燥少雨地区糖度更高，容易晒成蓝黑色大粒葡萄干。自然无核。果粒不拥挤，无破粒，疏果省工。果刷坚韧，与果实结合牢固。

幼树生长势旺盛，结果后中庸偏旺。易丰产。果粒抗葡萄炭疽病、黑痘病、白腐病和白粉病，但叶片不抗葡萄霜霉病。山东青岛露天栽培8月初可着全色，但甜度低，9月初完熟糖度提高，从萌芽到果实成熟需135天左右。成熟后不落粒、不烂尖，可挂树1个月以上，耐贮运。

该品种对土壤的适应性很强。适宜北方干旱、半干旱地区种植，南方地区宜棚内栽植或避雨栽植。

7. **里扎马特**（Rizamat） 欧亚种，原产苏联。由可口甘×巴尔肯特杂交育成，1961年从苏联引入我国。

果穗宽圆锥形，穗巨大，平均穗重800～1 000克，最大穗重1 500克以上，无副穗，果粒着生中等紧密或较疏松。果粒特大，阔椭圆形，平均粒重10.0～14.0克，最大粒重达20.0克。可溶性固形物含量13.0%～16.2%，可滴定酸含量0.60%左右。果实浅红至鲜紫红色，着色快，果皮薄，肉质脆，汁多，味酸甜，风味上等，耐运输，品质上等。

植株生长势中等，结果枝占芽眼总数的30.0%，每个结果枝平均着生果穗1.2个。副梢结实力弱，产量中等。抗病力中等，易感葡萄黑痘病、白腐病和霜霉病，多雨年份有裂果。北京地区8月下旬成熟。

宜棚架栽培，中、长梢修剪。应选向阳、排水良好的沙地栽培，施足肥料，并注意整穗、疏粒，保证枝蔓通风透光。可在华北、东北、西北等干旱地区栽培，利用温室栽培效果也好。

8. **藤稔**（Fujiminori） 欧美杂种，原产地日本（彩图8）。由青木一直育成，亲本为井川682×先锋，是巨峰系第三代品种，1985年登记注册，1986年引入我国。

果穗圆柱形或圆锥形带副穗，穗大，平均穗重500克，最大穗重892克，果粒着生中等紧密。果粒特大，近圆形，平均粒重15.0～22.0克。每果含种子1～2粒，种子与果肉易分离。可溶性固形物含量16.0%～17.0%。果实紫红或黑紫色，皮中厚，有涩味。果肉中等脆，味酸甜，多汁，鲜食品质中上等。

植株生长势中等偏强，芽眼萌发率为80.0%，结果枝占新梢总数的70.0%，结果系数1.8。花期耐低温，闭花受精能力强，连续结果能力强，早果性强，丰产稳产。抗葡萄霜霉病、白粉病能力较强，抗葡萄灰霉病能力较巨峰弱。适应性强，耐湿，较耐寒。在河南郑州地区，4月初萌芽，5月下旬开花，8月上中旬浆果完全成熟，从萌芽至浆果成熟需130～135天。

采用篱架或棚架栽培均可，可适当密植。以中梢修剪为主，结合长、短梢修剪。为提高果实品质，应及时整修花序、疏果穗、疏果粒，可增大果粒。自根树生长势较弱，宜用砧木嫁接繁殖，砧木可用华佳8号、5BB、SO4等。在我国大部分地区均可种植。

9. 阳光玫瑰（Shine Muscat） 又名夏音马斯卡特，欧美杂交种（彩图9）。日本植原葡萄研究所于1988年育成，亲本为安芸津21号×白南，2006年进行品种登记，2009年引入我国。

果穗圆锥形，穗大，穗重600克以上，最大穗重1 800克，果粒着生中等紧密。果粒大，短椭圆形，自然条件下粒重7.0～8.0克，经无核处理后粒重可达12.0～14.0克。果实绿黄色，皮中厚，难与果肉分离，果粉少。果肉硬脆，具有浓郁的玫瑰香味，无涩味，可溶性固形物含量17.0%～19.0%，完熟果实可达23.0%以上。不裂果，无脱粒，成熟后在树上挂果长达2～3个月不落粒，耐贮运（彩图10）。

植株生长势强，萌芽率高，成枝力强，枝条成熟度好。花芽分化好，每个结果枝着生花序1.0～2.0个。丰产，稳产，抗逆性强，抗病性优于巨峰。在河北中南部地区，4月初萌芽，5月中下旬始花，8月下旬成熟，从萌芽至浆果成熟需140天左右。

该品种适合我国南北方栽培，宜采用V形架或棚架栽培，可短梢修剪。生产上需要整穗、疏果、控制徒长，可达到高产优质目标。盛花期和盛花后用25毫克/升赤霉素处理可使果粒无核化。该品种栽培较容易，具有糖度高、香味纯、肉质脆、外观美、丰产、稳产、抗病、耐贮运等优点，可以成为葡萄产业的更新替代推广品种之一。

10. **醉金香**（Zuijinxiang）　别名茉莉香、无核 4 号，欧美杂交种，四倍体。由辽宁省农业科学院园艺研究所于 1996 年杂交育成，亲本为 7601（玫瑰香芽变，四倍体）×巨峰，1997 年通过辽宁省品种审定。

果穗巨大，圆锥形，紧凑，平均穗重 802 克，最大穗重 1 889 克。果粒特大，倒卵圆形，平均粒重 13.0 克，最大粒重 19.1 克，大小整齐，成熟一致。果脐明显。果实含种子 1～4 粒，种子与果肉易分离。可溶性固形物含量 18.4%。果实金黄色，皮中厚，果粉中多，果皮与果肉易分离。果汁多而无色，有浓郁的茉莉香味，无美洲种的狐臭味，果肉甜，适口性好，品质上等。

植株生长势强，隐芽萌发力中等，副梢萌发力强。花芽分化好，结果枝占芽眼总数 60.0%左右，每个结果枝平均着生果穗 1.3 个，每个新梢平均花序数为 0.9 个。早产性、丰产性均好。抗病性较强，耐湿热气候。该品种在沈阳地区 5 月初萌芽，6 月上旬开花，6 月中旬为浆果开始生长期，8 月上中旬果实开始成熟，9 月上旬浆果充分成熟，从萌芽至浆果充分成熟需 126 天左右。

该品种棚架、篱架栽植均可。以中、短梢修剪为主，结合超短梢修剪。整形以单株单蔓或双蔓为主，篱架栽培可多蔓。无核化栽培时，能改变果实性状，果粒大小均匀，果实变硬，但易产生僵果、容易落粒、果皮发涩。

（三）晚熟品种

1. **奥山红宝石**（Ruby Okuyama）　别名红意大利，欧亚种。原产巴西，1973 年巴西籍日本人奥山孝太郎从意大利品种的红色芽变中选出，1984 年登记定名，1985 年中国科学院植物研究所北京植物园从日本引入我国。

果穗巨大，圆锥形，平均穗重 650 克，最大穗重 1 500 克，果穗大小整齐，果粒着生中等紧密。果粒特大，椭圆形，平均粒重 11.5 克，最大粒重 18.5 克。每果含种子 2～4 粒，种子与果肉易分离。可溶性固形物含量 17.0%，可滴定酸含量 0.62%。果皮紫红色，皮薄可食，无涩味，果粉薄。果肉较脆，汁少，味酸甜，略有玫瑰香味。鲜食品质上等，耐贮存。

植株生长势中等，隐芽萌芽力中等，芽眼萌发率为73.7%，结果枝率为37.8%，每个结果枝平均着生果穗1.7个，枝条成熟度好。抗逆性和抗病虫能力均中等，对葡萄白粉病抗性稍差。丰产性好。成熟始期遇雨，果梗周围易发生月牙形裂果。在北京地区，4月中旬萌芽，5月下旬开花，9月下旬浆果成熟，从萌芽至浆果成熟需163天。

该品种适宜篱架栽培，中、短梢修剪。在多雨年份，应注意预防裂果发生。成熟期应控制灌水，以防止裂果。

2. 比昂扣（Rosario Bianco） 欧亚种。原产日本，1976年日本植原葡萄研究所育成，亲本为Rosaki×亚力山大（白玫瑰香）。

果穗圆锥形，穗形松紧适度，外形美观，穗大，平均穗重550克，最大穗重1 600克。果实椭圆形，粒大，平均粒重8.0～12.0克，种子多为2粒。可溶性固形物含量19.0%～22.0%。果皮青绿色，完全成熟呈黄绿色，皮薄而韧，果粉厚，汁多，味浓甜，果肉脆，有果香味，品质佳。穗轴柔软，果实运输性能好。

植株生长势强，易徒长，需及时控梢。在叶片保持良好、枝条成熟度高的条件下，花芽分化好，丰产性好。在浙江金华地区，3月28日萌芽，5月11日初花，5月14日盛花，5月18日为终花期，8月18日浆果开始成熟，成熟期可延至9月下旬，从萌芽至浆果成熟需140～150天。

露地栽培条件下，抗病能力较差，尤其易感葡萄黑痘病、炭疽病、白粉病。在大棚或避雨栽培条件下，适应性较好。成熟果实挂树时间长，不掉粒。冬季修剪以中、长梢修剪为主，配合短梢修剪培养更新枝。

3. 翠峰（Suiho） 欧美杂交种，四倍体。原产地日本，由日本福冈县农业综合试验场园艺研究所育成，亲本为先锋×森田尼无核。

果穗圆锥形，果穗较大，平均穗重350～400克，最大穗重

760 克，果穗大小整齐，果粒着生紧密。果粒特大，长椭圆形，平均粒重 13.0 克。种子少，种子与果肉易分离。可溶性固形物含量 17.0%～18.0%。果皮黄绿色或黄白色，皮薄，果粉中等厚，果皮与果肉不易分离，果肉较硬，味酸甜，品质优良。

植株生长势强，夏芽副梢结实力强，每个结果枝平均着生果穗 1.2～1.4 个。抗病性中等。在江苏张家港地区，4 月 8—18 日萌芽，5 月 14—26 日开花，8 月 28 日至 9 月 8 日浆果成熟，从萌芽至浆果成熟需 137～153 天。

植株易徒长，应控制肥水和轻剪长放，以控制树势。萌芽迟，萌芽率相对较低，应调节好树势，及时进行抹芽和疏蔓，留长势较好、生长一致的新梢。要获得完全无核和大果，需经两次赤霉素处理，注意处理时间并及时疏果和花序整形，无核化处理后能表现更好的品质特性。适合在干旱、半干旱地区栽培。

4. **峰后**（Fenghou）　欧美杂种。由北京市农林科学院林业果树研究所培育，为巨峰的实生后代，1999 年通过审定。

果穗短圆锥形，穗大，平均穗重 418 克，最大穗重 687 克，果粒着生中等紧密。果粒特大，短椭圆形，平均粒重 12.8 克，最大 19.5 克。每果含种子 1～2 粒，种子与果肉易分离，有小青粒。可溶性固形物含量 17.9%，可滴定酸含量 0.58%。果实紫红色，皮厚，略带涩味，果粉厚。果肉脆硬，汁中等多，味甜，略带草莓香味。糖酸比高，口感好，品质上等，果实不裂果，耐贮运。

植株生长势强，萌芽率高，平均萌芽率 75.4%。平均枝果率 50.8%，超长梢的结果能力较强，副芽结实力弱，副梢结实力中等，每个结果枝平均着生果穗 1.5 个，枝条成熟度中等。丰产性中等。抗涝、抗高温能力强，抗寒、抗旱、抗盐碱力中等，较抗葡萄白腐病、霜霉病、黑痘病和白粉病。在北京地区，4 月中旬开始萌芽，5 月底开花，8 月上旬果实着色，9 月中下旬浆果成熟，从萌芽至浆果成熟需 150 天左右。

栽培上注意少施氮肥，多补充钾肥。适栽区同巨峰，可在我国大江南北广泛栽培。在高温、高湿地区具有良好的发展前景。宜棚架栽培，篱架栽培时以长梢修剪为宜，并应适当稀植，保证空间使新梢引缚。

5. **黑奥林**（Black Olympia） 又名黑奥林比亚，欧美杂种。原产日本，亲本为巨峰×巨鲸，巨峰系中大粒品种。1977 年自日本引入我国。

果穗圆锥形，穗大，平均穗重 510 克，最大穗重 2 200 克，果穗大小整齐，果粒着生中等紧密。果粒特大，近圆形，最大粒重 12.3 克。每果含种子 1～4 粒，多为 2 粒，种子与果肉易分离。可溶性固形物含量 16.4%。果实黑紫色，果粉、果皮中等厚，皮韧，无涩味。果肉较脆，汁多，味甜。品质中上等，果粒着生牢固，不易落粒。

植株生长势强，结果枝占芽眼总数的 43.0%，结果系数为 1.3，副梢结实力强。早果性好，抗寒、抗湿、抗病虫性强。在辽宁兴城地区，5 月 4 日萌芽，6 月 15 日开花，10 月 5 日浆果成熟，从萌芽至浆果成熟需 150 天左右。

宜棚架栽培，以中梢为主的长、中、短梢混合修剪。负载量大时，着色差，应疏花、疏果，控制产量。适合在温暖、生长季节长的地区种植。对干旱、半干旱气候适应性较好。

6. **红宝石无核**（Ruby Seedless） 优良无核品种，又称鲁贝无核，欧亚种。原产美国，由美国加州大学育成，亲本为 Emperor×Pirovano75，1983 年引入我国。除鲜食外，红宝石无核也是一个优良的制罐品种。

果穗圆锥形，穗大，平均穗重 600 克，最大穗重 2 000 克，果穗大小较整齐，果粒着生紧密或中等紧密。果粒中等大，椭圆形，平均粒重 4.1 克，最大粒重 6.0 克。自然无核，有瘪籽，有小青粒。可溶性固形物含量 15.5%，可滴定酸含量 0.40%～0.50%。果皮宝石红色，皮薄，果粉中厚。果肉浅黄绿色，硬脆，果肉可切片，半透明，汁多，味酸甜，有玫瑰香味。鲜食品质上等，耐贮运，不易掉粒。

植株生长势强，芽眼萌发率为 61.2%，结果枝占总芽眼数的

31.3%，每个结果枝平均着生果穗1.2个。丰产，抗逆性、适应性较强，较抗葡萄霜霉病、白腐病，但抗葡萄黑痘病能力弱，对其他病害抗性中等，成熟期遇雨易裂果。在山东青岛地区，4月中旬萌芽，5月中旬开花，9月中下旬浆果成熟，从萌芽至浆果成熟需150天以上。

宜小棚架栽培，中、短梢修剪。注意果实成熟时保持土壤湿度相对稳定，久旱逢雨时易出现裂果现象。适宜在无霜期150天以上、成熟期少雨的地区栽培。园区以沙壤土、壤土为宜。

7. 红地球（Red Globe）　又名红提、大红球，欧亚种（彩图11）。原产美国加利福尼亚州，由美国加州大学戴维斯分校奥尔莫教授育成，亲本为$L_{12\text{-}80}$（皇帝×Hunisa实生）×$S_{45\text{-}48}$（$L_{12\text{-}80}$×Nocera）。

果穗长圆锥形，穗巨大，平均穗重880克，最大穗重2 500克，穗形整齐。果粒特大，圆形或卵圆形，平均粒重12.0～14.0克，最大粒达22.0～23.0克，果粒着生松紧适度。可溶性固形物含量16.0%～18.0%。果皮深红色或暗紫红色，皮中厚，果肉脆硬，果肉与种子易分离，果汁丰富，味甜可口，无香味。果刷粗而长，果粒与果实结合紧密，不易裂果、掉粒，耐拉力、耐压力和耐贮力均强。

植株生长势强，抗病力中等或较差，易感葡萄黑痘病、霜霉病、白腐病等，容易发生日灼病。适应性强，易丰产。成熟期遇雨，果实不易裂。在河北涿鹿地区4月底萌芽，5月下旬至6月上旬开花，9月中下旬果实成熟，从萌芽到成熟生长期135～140天。

该品种宜棚架栽培，中、短梢修剪。由于叶片较小，应适当多留副梢叶片，以保证营养积累，利于果实发育和枝条成熟。栽培中应注意疏穗及疏粒。

8. 金田美指（Jintian Meizhi）　欧亚种。亲本为牛奶×美人指，2003年育成，2010年通过河北省品种审定。

果穗圆锥形，无歧肩，无副穗，穗巨大，平均单穗重802克。果粒长椭圆形，鲜红色，着色一致，果粒横截面积为圆形，粒巨大，平均单粒重10.5克，果粉较薄，果皮中厚，无涩味。果肉脆，多汁，口感酸甜。平均可溶性固形物含量19.0%。

植株生长势强，萌芽率高，每个结果枝着生果穗1.0～2.0个，全株果穗及果粒成熟一致，不落粒，耐贮运。在冀东地区4月中旬开始萌芽，6月初为始花期，9月下旬至10月上旬果实成熟，从萌芽到浆果成熟需161～165天。

宜棚架或篱架栽培，冬季结果母枝采用短枝修剪。宜在排水良好的沙壤土、年降水量700毫米以下地方建园。注意疏花疏果，控制产量。成熟前应控制灌水，避免裂果发生。

9. 克瑞森无核（Crimson Seedless） 优良无核品种，又名绯红无核，欧亚种（彩图12）。原产美国加利福尼亚州，亲本为皇帝×C33-199，1988年通过鉴定，1998年引入我国。

果穗大，圆锥形，有歧肩，平均穗重500克，最大穗重1 500克。果粒椭圆形，中等大，粒重5.0～6.0克，经激素膨大处理可达7.0～8.0克。无核或个别有1～2粒种子。可溶性固形物含量19.0%，可滴定酸含量0.60%。果皮亮红色，皮中厚，不易与果肉分离，果粉较厚。果肉黄绿色，半透明，果肉质地较硬，可切成片，清香味甜、低酸，品质佳。果刷长，与果蒂牢固，耐拉力强，采前不裂果，采后不脱粒，耐贮藏。

幼树生长旺盛，结果后树势中庸。萌芽率、成枝力均较强，结果枝率为70.0%，平均每个结果枝结果1.6穗。丰产性好，主梢、副梢易形成花芽，定植第二年即可进入丰产期。果实耐挂性强，成熟后延迟采收，不烂果，色更深，糖含量更高，味更浓。抗病能力较强，较抗葡萄黑痘病、白粉病，但易感葡萄白腐病和霜霉病。在山东龙口市4月中旬萌芽，5月下旬开花，8月下旬开始上色，9月上旬至10月上旬果实成熟，从萌芽到果实成熟的生长期约160天。成熟后果实可在树上挂果40天，品质不变。

可采用小棚架进行龙干形整枝，中、长梢修剪。栽培中应注意控制其生长过旺，注意防治葡萄白腐病和霜霉病。

10. 龙眼（Longyan） 又名秋紫、老虎眼，欧亚种（彩图

13)。原产我国，是我国栽培的古老品种之一。

果穗巨大，果穗圆锥形，多呈五角形，带副穗，平均穗重700克，最大穗重3 000克，果穗大小整齐，果粒着生中等紧密。果粒中等大，椭圆或圆形，平均粒重5.9克，最大粒重7.3克。每果含种子2～4粒，种子与果肉易分离。可溶性固形物含量15.5%～19.0%，最高含量达22.0%，可滴定酸含量0.90%，出汁率75%。果实宝石红或紫红色，果皮中厚且韧，果粉浓厚。果肉致密，较柔软，果汁多，味酸甜，清香，果实耐贮运，鲜食品质优良。是酿制干白葡萄酒、桃红葡萄酒和白兰地的优质原料，其酿制的葡萄酒果香浓郁、清新爽口、口味柔长，并多次荣获国际金奖。

植株生长旺盛，芽眼萌发率高，结果枝率高，成枝率85.5%，每个结果枝平均着生果穗1.3个，枝条成熟度好。隐芽萌发的新梢结实力中等，夏芽副梢结实力弱。早果性好，较丰产（彩图14）。适应性强，耐干旱、耐瘠薄、耐贮运。抗病力较弱，易感葡萄霜霉病、褐斑病、黑痘病、白腐病、黑腐病。在河北怀来盆地，4月20日萌芽，6月5日开花，10月5日浆果成熟，从萌芽至浆果成熟需168天。

栽培管理容易，为提高品质应注意负载量。抗病力弱，应注意防治葡萄霜霉病、白腐病、黑腐病等病害。对土壤适应性强，适应在旱地和轻度盐碱的土壤生长。适宜在凉爽、干燥、积温高、昼夜温差大、有灌水条件的地区栽植。适宜棚架栽培，中、短梢修剪。

11. 牛奶（Niunai）　又名宣化白牛奶、白牛奶，欧亚种（彩图15）。原产我国，广泛分布于西北和华北的普通产区，盛产于河北省张家口宣化、怀来一带，栽培历史悠久，现仍为河北宣化、怀来的主栽品种。

果穗大，呈圆锥形，带副穗，平均穗重535克，最大穗重2 350克，果穗大小整齐，果粒着生稀疏。果粒大，长圆形，平均粒重6.1克，最大粒重12.0克。每果含种子1～3粒，种子与果肉易分离。可溶性固形物含量12.0%～18.0%，可滴定酸含量0.25%～0.51%，出汁率85%。果皮黄白色，皮薄，果粉薄，味甜，有清香味。果粒均匀，外形美观，汁多，肉脆爽口，品种优良，是历代宫廷和国宴佳品，我国名优特果品之一。

植株生长势强，副芽萌芽力强，副梢结实力弱，结果枝占芽眼总数的 40.7%～50.0%，每个结果枝平均着生果穗 1.1～1.5 个。耐寒力差，抗旱力中等，不抗湿，不耐涝。抗病力较弱，易感葡萄黑痘病、白粉病、霜霉病、穗轴褐枯病、白腐病。果实成熟期土壤水分过多，有裂果现象。在河北张家口宣化和怀来地区，4 月中旬萌芽，6 月上旬开花，9 月下旬浆果成熟，从萌芽至浆果成熟需 149 天以上。

晚采不易脱粒，可延迟至 12 月底采收。因果皮薄，采收贮藏应注意避免碰伤果粒，采收后易失水萎蔫，果皮擦伤后易发生褐变，不耐贮藏。宜在壤土和沙壤土及凉爽、干燥、昼夜温差大的地区栽植，适合西北、华北干旱、半干旱地区栽培。适合大棚架栽培，宜中、短梢修剪。

12. 玫瑰香（Muscat Hamburg） 又名紫玫瑰香，欧亚种。亲本为亚历山大×黑汉，原产英国。鲜食品种，也可酿酒、制汁。

果穗圆锥形，穗大，平均穗重 400 克，最大穗重 1 061 克，果粒着生疏松至中等紧密。果粒椭圆形或卵圆形，中等大，平均粒重 5.0 克，最大粒重 7.5 克。果实紫红色或黑色，皮中厚，果粉厚，有涩味。果肉稍脆，多汁，味甜，有浓郁玫瑰香味。每果含种子 1～4 粒，种子与果肉易分离。可溶性固形物含量 18.0%，可滴定酸含量 0.50%～0.90%，出汁率 75%。鲜食品质上等，耐贮运。用其酿造的酒具有典型的果香，不宜陈酿，会使口味变淡。

植株生长势中庸，萌芽力为隐芽强、副芽中等，芽眼萌发率 44.0%～71.6%，结果枝占总芽眼数的 25.8%～56.5%，每个结果枝平均着生果穗 1.5～2.0 个，隐芽萌发的新梢结实力强，夏芽副梢结实力强。进入结果期早，一般定植第二年开始结果，并易早期丰产。耐盐碱，不耐寒，抗病害能力弱。在肥水供给不足，结果过多时，果穗易患“水罐子”病。在河北昌黎地区，4 月 12—30 日萌芽，5 月 25 日至 6 月 8 日开花，8 月 22 日至 9 月 11 日浆果成

熟，从萌芽至浆果成熟需 133～155 天。

栽培上需严格控制产量，否则含糖量下降，风味变淡。选择排水良好、肥沃的土壤栽植。适合在温暖、雨量少的气候条件下种植，降水量大的地区应采用避雨栽培模式。注意土壤保湿，可防止或减轻裂果。棚架、篱架栽培均可，以中、短梢修剪为主。

13. **美人指**（Manicure Finger）　欧亚种（彩图 16）。日本植原葡萄研究所以尤尼坤×巴拉底 2 号为亲本育成，1996 年引入我国。

果穗大，圆锥形，无副穗，平均穗重 450～600 克，最大穗重 1 750 克，果粒着生较紧密。果粒细长形，粒特大，平均粒重 10.0～12.0 克，最大粒重 20.0 克，果实纵横径之比达 3∶1。果实先端为鲜红色，润滑光亮，基部颜色稍淡，恰如染了红指甲油的美女手指，外观奇特艳丽。果实皮肉不易剥离，皮薄而韧，不易裂果。果肉紧脆呈半透明状，可切片，无香味，可溶性固形物含量达 16.0%～19.0%，可滴定酸含量低，口感甜美爽脆，具有典型的欧亚种品系风味，耐贮运，品质上等。

生长势旺盛，发枝力强，新梢生长速度快，枝条成熟晚。抗病性较弱，易感葡萄黑痘病和白腐病。在华东地区一般在 8 月上旬着色，8 月下旬成熟；在华北地区 8 月下旬开始着色，9 月中下旬成熟，从萌芽至浆果成熟需 160～165 天。在不影响第二年树势的前提下，可延后采收 20 天左右，含糖量还可增加。

该品种对栽培条件要求严格，应严格控制氮肥施用量。注意幼果期水分供应及防止日灼病。采用缓和树势的栽培架式，如 T 形架栽培，宜中、长梢结合修剪。结果新梢应适当绑缚，生长期宜多次摘心，抑制营养生长，坐果后要及时疏粒。适合干旱、半干旱地区种植，南方应避雨栽培。

14. **摩尔多瓦**（Moldova）　原产摩尔多瓦共和国，由 M. S. Juraveli 和 I. P. Gavrilov 等人育成，亲本为古扎丽卡拉（GuzaliKala）× SV12375，1997 年从罗马尼亚引入我国。

果穗圆锥形，穗大，平均穗重 550 克，果粒着生中等紧密。果粒大，短椭圆形，平均粒重 8.0～9.0 克，最大粒重 13.5 克。果肉与种子易分离，每果含种子1～3粒。可溶性固形物含量16.0%，可滴定酸含量0.54%。果粒蓝黑色，果粉厚。果肉柔软多汁，无香味，品质上等，耐贮运。

生长势强，枝梢生长量大，新梢年生长量可达4米，枝条成熟度好，冬芽芽体饱满。萌芽率90.0%以上，结果枝率约90.0%。结实力强，每个结果枝平均着生果穗1.7个。坐果率高，果实易着色，全穗着色均匀一致。结果早，丰产性强。高抗葡萄霜霉病、灰霉病，抗葡萄白粉病、白腐病和黑痘病能力中等。抗旱、抗寒性较强。在河北省昌黎地区4月中旬萌芽，5月下旬开花，8月1日果实开始着色，9月下旬果实充分成熟，从萌芽至浆果成熟需160～165天。

该品种对栽培技术要求简单，除生产栽培外，同样适宜长廊、公园、庭院及道路两旁栽植和盆栽。可采用小棚架栽培、龙干形整枝。新梢生长速度快、生长量大，应及时疏去过密枝和交叉枝，并及时疏穗。适宜套袋栽培，采前不必去袋。

15. 魏可（Wink） 又名温克，欧亚种。原产地日本，1987年日本山梨县志村富男用Kubel Muscat×甲斐路杂交育成，1999年南京农业大学园艺学院从日本引入我国。

果穗圆锥形，穗大，穗长18.0～25.0厘米，平均穗重500克，最大穗重1 500克，果穗大小整齐，果粒着生疏松，无小青粒。果粒卵形，粒特大，平均粒重11.0克，最大粒重15.0克。每果含种子1～3粒，多为2粒，种子与果肉易分离。可溶性固形物含量20.0%以上，果实紫红色至紫黑色，果粉厚，皮中厚，韧性大，无涩味。果肉脆，汁多，味甜，鲜食品质上等。

生长势强，芽眼萌发率90.0%～95.0%，隐芽萌芽力强。成枝率95.0%，枝条成熟度好。结果枝占总芽眼数的85.0%，每个结果枝平均着生果穗1.4～1.6个，隐芽萌发的新梢结实力强。丰产，抗病力较强。在湖南岳阳地区，3月下旬萌芽，5月上旬开花，8月下旬成熟，从萌芽至浆果成熟需150～160天。

宜采用大棚架或T形架栽培，较易栽培。叶片偏大，易造成

下部叶片荫蔽，在生产中应适当控制叶片生长过旺。适合在生长季长的干旱、半干旱地区栽培。在年降水量800毫米以上地区宜采用避雨栽培模式，南方宜采用中、长梢修剪，北方宜采用中、短梢修剪。

16. 意大利（Italia） 欧亚种（彩图17）。原产地意大利，1911年以比坎(Bicane)×玫瑰香(Muscat Hamburg)为亲本杂交育成，1995年从匈牙利引入我国。

果穗大，圆锥形，平均穗重512克，最大穗重1 250克，果穗大小整齐，果粒着生中等紧密。果粒大，椭圆形，平均粒重6.8克，最大粒重15.3克。每果含种子1～5粒，种子与果肉易分离。可溶性固形物含量17.0%，可滴定酸含量0.48%～0.69%。果实绿黄色，皮薄，果粉中厚。果肉脆，汁多，味酸甜，有玫瑰香味。耐贮运，鲜食品质上等。

生长势中等偏强，每个结果枝平均着生果穗1.3个。丰产，早果性好。抗逆性较强，抗葡萄白腐病和黑痘病，中抗葡萄白粉病，易感葡萄霜霉病。在北京地区，4月16日萌芽，5月29日开花，9月23日浆果成熟，从萌芽到浆果成熟需160天。

适宜棚架、篱架栽培，中、长梢修剪。注意防治葡萄白粉病、霜霉病。坐果后应疏果，可增大果粒，提高商品性。适合在温暖、干旱、生长期长的地区种植。

二、葡萄优良制干品种

1. 长粒无核白（Long - berry Thompson Seedless） 中熟品种，欧亚种，无核白芽变品种。

平均穗重480克，穗大，果穗较疏松、整齐。果粒长卵形，粒小，平均粒重2.2克，黄绿色，果刷较短，皮薄，肉脆，皮与肉分离，果汁中等，浅黄色，可溶性固形物含量20.2%，可滴定酸含量0.45%，出干率22%，酸甜、无香味，品质上等，无种子。在新疆地区4月中旬开始萌芽，5月中下旬开花，8月下旬果实成熟，从萌芽到浆果成熟需 140 天。

该品种是制干优良品种，晾制的葡萄干鲜绿，较整齐、饱满，由于其制干后果粒较长，形似香蕉，又被称作“白香蕉”，辨识度非常高，受到消费者喜爱。

2. **无核白**（Thompson Seedless） 中熟品种，又名无籽露，欧亚种。原产中亚细亚，是世界最古老的主要制干品种，也可用于鲜食、制罐和制汁，为新疆吐鲁番主栽的葡萄品种。

果穗较大，长圆锥形或双歧肩长圆柱形，平均穗重 381 克，最大穗重 1 000 克，果粒着生紧密或中等紧密。果粒小，椭圆形，平均粒重 1.1～2.0 克。果皮黄白色，皮薄肉脆，汁少，无核，无香味，味酸甜，可溶性固形物含量 19.0%～25.0%，可滴定酸含量 0.40%～0.60%，出干率 20%～30%，品质上等。

生长势强，萌芽力为隐芽弱、副芽中等，芽眼萌发率高，结果枝占芽眼总数的 57.7%，每个结果枝平均着生果穗 1.3 个。早果性差，一般定植第四至五年开始结果。抗旱力强，抗病力较差，易感染葡萄白粉病、白腐病和黑痘病。在新疆吐鲁番地区 4 月上旬萌芽，5 月中下旬开花，8 月下旬果实成熟，从萌芽到成熟需 140 天左右。

结实力强，丰产，适宜在高温、干旱少雨、生长季较长的西北地区栽培。宜棚架栽培，中、长梢修剪。采用赤霉素处理可增大果粒。无核白抗病性较弱，栽培上要注意及早防治病害。

3. **无核紫**（Black Monukka） 中熟品种，又名无核黑，欧亚种，原产印度。

果穗圆锥形，果粒着生疏密适中，使用果实膨大剂后，平均穗重 570～750 克，最大穗重 1 580 克。果粒中等大，平均粒重 4.0～5.0 克。可溶性固形物含量 20.0%～23.0%。果皮紫红至紫黑色，果粉薄，艳丽诱人。果肉柔软，汁较多，酸甜爽口，略带清香，风味独特，商品性状好。晒制的葡萄干紫黑发亮，出干率 20%～22%，百粒重 65.4 克，无核（个别果实有残核），品质上等。

该品种具有较强的抗盐碱能力和很好的适应性，二年生树抗寒

性良好。在新疆吐鲁番，4 月上旬萌芽，5 月上旬开花，6 月上旬开始着色，7 月中下旬果实成熟，从萌芽至浆果成熟需 110～120 天。

宜采用棚架栽培，龙干形整枝，中、长梢修剪。若不注意合理负载，易造成糖酸比下降、风味变差、不耐贮运、成熟期不一致、青粒多、穗形不齐。该品种对土壤肥力水平及植物生长调节剂的反应敏感，未合理利用果实膨大剂及其他配套栽培管理技术时，易出现粒小或落粒现象；在正确使用果实膨大剂的情况下，果粒可增大 1 倍以上。

三、葡萄优良酿酒品种

（一）红葡萄品种

1. 北冰红（Beibinghong）　中国农业科学院特产研究所于 1995 年以左优红和 86－24－53 葡萄为亲本杂交育成，2008 年通过吉林省品种审定。

果穗圆锥形，部分带副穗，果粒紧密度中等，偶有小青粒，穗中等大，平均穗重 159 克。果粒圆形，穗小，平均粒重 1.3 克。每果含种子 2～4 粒，种子小，暗褐色。可溶性固形物平均含量 21.3%，可滴定酸含量 1.43%，出汁率 68%。果皮蓝黑色，皮较厚，果粉厚，韧性强，果刷附着牢固。果肉绿色，可见种脐。

植株生长势强，萌芽率 95.6%，结果枝率 100.0%，结果系数 1.9。易感葡萄霜霉病，其他病害如葡萄黑痘病、白腐病、穗轴褐枯病等发生较轻。在吉林市，5 月上旬萌芽，6 月中旬开花，9 月下旬果实成熟，延至 12 月采收，用于酿制冰葡萄酒。酒为深宝石红色，具浓郁的蜂蜜和杏仁复合香气。

该品种枝芽可耐－37 ℃低温，在辽宁本溪山区冬季不下架无冻害，无霜期达到 125 天以上即可。具有抗虫、抗病能力，丰产性较好。可做城市长廊、护坡、墙壁攀缘植物，供游人观赏乘凉和秋末冬初品尝果实。

2. 赤霞珠（Cabernet Sauvignon） 晚熟品种，又名解百纳，欧亚种。原产法国波尔多，是栽培历史最悠久的欧亚种葡萄之一，世界上最著名的酿酒品种之一。

果穗圆锥形，有歧肩，带副穗，小或中等大，平均穗重 180 克，果粒着生较紧密。果粒小，近圆形，平均粒重 1.9 克。每果含种子 2～3 粒。可溶性固形物含量 16.3%～17.4%，可滴定酸含量 0.50%～0.60%，出汁率 77%。果皮黑紫色，皮厚，果粉厚，色素丰富，果肉多汁，有悦人的淡青草味。由其酿制的干红葡萄酒，深宝石红色，澄清透明，具青梗香，滋味醇厚，回味好，酒味佳。

该品种生长势中等偏强，芽眼萌发率 80.2%。结实力强，结果枝占芽眼总数的 70.6%，每个结果枝平均着生果穗 1.6 个，易早期丰产。抗病性、抗寒性、抗旱性均较强。在河北昌黎地区 4 月中旬萌芽，5 月下旬开花，9 月中下旬果实成熟，从萌芽至浆果成熟需 150 天左右。

赤霞珠葡萄是我国酿酒红葡萄品种的主栽品种。适宜采用单篱架龙干形整枝，宜中、短梢修剪。该品种宜在肥水充足土壤栽培，应注意生长后期的病害防治。

3. 法国蓝（Blue French） 中熟品种，欧亚种。原产奥地利，1892 年从法国引入我国。

果穗歧肩圆锥形，有副穗，果穗较大，平均穗重 280 克，最大穗重 532 克，果穗大小整齐，果粒着生紧密。果粒近圆形，粒小，平均粒重 2.7 克。每果含种子 2～4 粒。可溶性固形物含量 17.0%～18.0%，可滴定酸含量 0.60%左右，出汁率 68%～70%，单宁含量 0.08%。果皮紫黑色，皮厚且韧，果粉厚，果皮与果肉较难分离。果肉黄绿色，肉质致密，汁液多，有淡青草香，风味酸甜。所酿制的葡萄酒，宝石红色，香气浓郁，入口饱满，回味绵长，适宜酿造干红、甜红葡萄酒。

植株生长势较强，隐芽萌发力强，副芽萌发力弱，芽眼萌芽率 63.2%，结果枝率 66.5%左右，每个结果枝平均着生 1.5 个果穗。抗寒性和抗病性较强，抗葡萄霜霉病和白腐病能力强。在辽宁铁岭

5月初萌芽，6月3日始花，8月2日果实开始着色，9月初果实成熟，从萌芽至浆果成熟需130～135天。

可采用双臂篱架、小棚架或改良篱臂架栽培，宜中、短梢混合修剪。对土壤要求不严格，适宜旱地和山坡地栽植，在较瘠薄的山地和沙地条件下也能生长良好。阳光直射果粒易发生日灼病，田间管理应注意。可在华北、辽宁南部、西北等地区栽培。

4. 公酿1号（Gongniang No. 1）　中熟品种，又名28号葡萄，山欧杂种。吉林省农业科学院果树研究所1951年用玫瑰香×山葡萄为亲本杂交育成。

果穗圆锥形，有歧肩，果穗中等大，平均穗重155克，最大穗重600克，果粒着生中等紧密，大小整齐。果粒圆形，粒小，平均粒重1.8克，最大粒重4.6克。每果含种子2～4粒。可溶性固形物含量15.2%，可滴定酸含量2.40%，单宁含量0.035%。果皮黑色，皮中厚，果粉厚，果皮易与果肉分离，果肉软而多汁，味甜酸，汁色鲜红，出汁率69%。该品种具山葡萄特性，所酿之酒呈深宝石红色，色艳，味醇厚，酸甜适口，回味长。

植株生长势强，芽眼萌发率高。每个结果枝平均有花序2.1个，结实力强，产量中等。适应性强，耐寒，耐旱，耐湿，喜肥沃土壤，抗葡萄黑痘病、炭疽病。在吉林省公主岭地区，5月初萌芽，6月中旬开花，9月初成熟，从萌芽到浆果成熟需130天左右。宜篱架、小棚架栽培，适宜中、长梢修剪。

5. 黑比诺（Pinot Noir）　晚熟品种，别名黑品乐。原产法国勃艮第，是世界酿造名贵葡萄酒的品种，也是世界上最受欢迎的葡萄之一，我国引进栽培历史悠久。

果穗圆柱或圆锥形，中等大，有副穗，平均穗重225克，果粒着生极紧密。果粒圆形、整齐，粒小，平均粒重1.8克。可溶性固形物含量15.5%～20.5%，可滴定酸含量0.65%～0.85%。果皮紫黑色，皮薄，果肉软，果汁多，味酸甜。果实出汁率74%，果汁颜色浅，呈宝石红色，澄清透明。黑比诺是名贵的红葡萄皇后，可酿出独特的红葡萄酒，通常是单品种酿制，极少混入其他葡萄品种。可用于酿制桃红葡萄酒，也可酿制香槟或优质起泡葡萄酒。

植株生长势中等，萌芽率 86.0%，结实能力强，平均结果枝率 71.0%，每个结果枝上多着生果穗 1～2 个，平均 1.6 个。结果早，产量中等。抗病性较弱，极易感葡萄白腐病、灰霉病、卷叶病毒和皮尔斯病毒。抗寒、抗旱力均强。在北京地区，4 月中下旬萌芽，6 月上旬开花，9 月中旬果实成熟，成熟期一致，从萌芽至浆果成熟需 146 天左右。

植株对温度比较敏感，萌芽后注意防止霜冻。适于篱架栽植和中、长梢修剪。浆果成熟期易落粒，在成熟期多雨年份要及时采收。适当密植、增加负载量可提高产量。该品种对土壤和气候要求比较严格，适宜温凉气候和排水良好的山地栽培，宜在华北、西北、东北南部栽培。

6. **佳丽酿**（Carignan） 晚熟品种，欧亚种。原产西班牙北部，是在全世界广泛种植的、古老的红葡萄酒酿造品种之一。1892 年由西欧引入我国山东烟台。

果穗圆锥形有歧肩，穗大，平均穗重 466 克，果粒着生极紧，成熟期不一致。果粒长圆形，粒小，紫黑色，平均粒重 3.0 克。单宁含量高，肉软多汁，味酸甜。可溶性固形物含量 17.0%～20.0%，可滴定酸含量 0.93%，出汁率 75%～80%。酿酒颜色深浓，酸度高，单宁强劲，酒精度高，香气风味好，适合与其他品种混酿，去皮也可酿成白葡萄酒或桃红葡萄酒。

植株生长势强，芽眼萌发率高，结实力强，结果枝占 89.0% 以上，每个结果枝平均有花序 1.5 个，二次枝结实力强，结果早，易丰产。抗病性较强，适应性强，耐盐碱，适宜各类土壤生长，喜温暖性气候。在济南地区，4 月初萌芽，5 月中旬开花，9 月初成熟，从萌芽至浆果成熟需 150 天左右。宜篱架、小棚架栽培，中、短梢混合修剪。

7. **佳美**（Gamay） 中熟品种，欧亚种。原产自法国勃艮第，我国于 1957 年从保加利亚引进栽培。

果穗圆柱形有歧肩，有副穗，穗较大，平均穗重 320 克，最大

穗重 480 克。果粒近圆形，粒小，平均粒重 1.9 克。果皮黑色，皮厚而韧，果肉软。出汁率 78%，可溶性固形物含量 16.5%。

植株生长势中等，较丰产。风土适应性较强，抗病性较差，果实成熟时，有少部分绿果。浆果用于酿造法国勃艮第的薄若莱（Beaujolais）红酒，在世界上一些其他产区亦受到一定重视。用它酿造出的红酒色泽淡、果香重，散发着草莓糖果般的香气，单宁含量低，丰盈爽口，在轻淡细致中有一点热感。

8. **梅鹿辄**（Merlot）　中晚熟品种，又名美乐。原产法国波尔多，20 世纪 80 年代引入我国，是世界著名的酿造红葡萄酒品种之一，常与赤霞珠、品丽珠等勾兑成极品葡萄酒。

果穗圆锥形，中等大小，平均穗重 203 克，最大穗重 320 克。果粒圆形，粒小，着生紧密，平均粒重 2.1 克。每果含种子2～3粒。果皮紫黑色，果粉和果皮均较厚，果肉多汁，味酸甜，有浓郁青草味及欧洲草莓独特香味。果实出汁率 74%，果汁颜色宝石红色，澄清透明，可溶性固形物含量 20.8%，可滴定酸含量 0.70%。适宜酿制干红葡萄酒和佐餐葡萄酒，呈宝石红色，酒体丰满、柔和，果香浓郁，清爽和谐，可与单宁含量高的葡萄酒混合，保持酒体平衡。

植株生长势强，隐芽萌发力强，副芽萌发力弱，芽眼萌发率 75.4%，结果枝率 68.6%，每个结果枝平均着生果穗 1.8 个，夏芽副梢结实力强，丰产性好。越冬性强，抗寒、耐旱、耐瘠薄能力较强。抗病性较强，较抗葡萄霜霉病和白腐病。在辽宁省熊岳地区，4 月末至 5 月初萌芽，6 月上旬开花，9 月中旬浆果成熟，从萌芽至浆果成熟需 130～139 天。

该品种对土壤和肥水管理要求较严，在沙质地或山坡丘陵地种植较好。可采用改良单壁篱架栽培，中、长梢修剪。

9. **品丽珠**（Cabernet Franc）　晚熟品种，欧亚种。原产法国，为古老的酿制干红葡萄酒的优良品种，1892 年从法国引入我国烟台。

果穗圆锥形，中等大小，果粒着生紧密，平均穗重 202 克。果粒圆形，粒小，百粒重150.0克左右。果皮紫黑色，皮中厚，果粉厚，果肉多汁，味酸甜，有浓郁青草味。果实出汁率67%以上，果汁颜色宝石红色，澄清透明。可溶性固形物含量17.0%～20.0%，有机酸含量0.60%～0.80%。酿成的酒，酒体轻盈适中，低酸，低单宁，滋味醇正，酒体完美。常与赤霞珠、梅鹿辄混合酿制。果实有特殊香味，为酿制高档干红葡萄酒的主要品种。

树势中庸，结实力较强，结果枝占芽眼总数的36.8%～45.3%，每个结果枝上多为2穗果，副梢结实能力中等，较丰产。不裂果，果实抗日灼病。适应性较强，耐瘠薄，抗葡萄白粉病、霜霉病、红叶病能力强。在河北昌黎地区，4月中旬萌芽，5月下旬开花，10月上旬果实成熟，从萌芽至浆果成熟需158天，成熟期一致。

适宜篱架栽培，采用中、长梢修剪和水平形绑蔓，以缓和树势，提高产量。最佳栽植的土质为钙质黏土，无水分胁迫下，沙质土也可获得较好的品质。

10. 西拉（Syrah） 中熟品种，欧亚种。原产法国罗纳河谷，是一个古老的葡萄品种，用其酿造的红葡萄酒是世界著名红酒品种之一，20世纪80年代引入我国。

果穗较大，圆锥或圆柱形带歧肩，有副穗，平均穗重280克左右，果粒着生较紧密。果粒小，圆形，平均粒重2.5克左右。果实蓝黑色，皮中厚，味酸甜，肉软多汁。可溶性固形物含量16.9%～18.5%，可滴定酸含量0.65%～0.75%，出汁率75%，单宁含量高。用其酿成的酒呈深宝石红色，澄清透明，果香芬芳独特，酒香浓郁，酸涩恰当，柔和爽口，品质上等。

植株生长势强，发芽晚，芽眼萌发率高，每个结果枝平均有花序1.4个。产量中等，适应性较强。在济南地区，4月初萌芽，5月中旬开花，8月中旬成熟，从萌芽至浆果成熟需135天左右。宜篱架、小棚架栽培，中、短梢修剪。可在我国北部地区种植。

（二）白葡萄品种

1. 白玉霓（Ugni Blanc） 晚熟品种，原产法国。1974年从法

国引进，为法国3个酿制白兰地著名品种之一，在法国常用来生产低度葡萄酒（7%～9%，vol），进而蒸馏成烈酒。

果穗长圆锥形，较大，平均穗重358克，最大穗重750克。果粒小，圆形，平均粒重2.0克。每果含种子1～2粒，果肉与种子易分离。果皮绿黄色，皮薄，有薄层果粉，肉质软，果肉多汁，味酸甜，果汁淡黄色。出汁率85%，可溶性固形物含量16.0%，可滴定酸含量0.36%～0.68%。酿成的酒浅金黄色，澄清透明，香气怡人，回味绵延，可生产干白葡萄酒、利口酒、起泡酒等多个酒种，具有酸度高、酒度低、香气平衡的特点。

植株生长势强，结果枝占总芽数的78.0%，每个结果枝平均着生果穗1.6个，副梢结实力强。丰产性较好，坐果率高，抗性中等，对葡萄白腐病抗性较差。在天津蓟州区，4月20日开始萌芽，5月26日为始花期，8月25日果实开始着色，9月18日果实完全成熟可以采收，从萌芽至浆果成熟需158天。

该品种适应性强，在各类土壤上均可栽植。在肥水管理好的条件下易早期丰产，但要注意控制产量，否则糖度低。抗葡萄白腐病能力较差，应加强肥水管理和病害防治。宜篱架栽培和中、短梢修剪。宜在我国北部干旱和排水良好的地区栽培。

2. 意斯林（Italian Riesling）　晚熟品种，别名贵人香、意大利雷司令，欧亚种。原产于意大利，1892年引入我国山东烟台，20世纪60年代再度引入我国。

果穗圆柱形或圆锥形，多具副穗，果穗中等大，平均穗重253克，最大穗重550克。果粒圆形或近圆形，粒小，平均粒重1.8克。每果含种子2粒。果粒绿黄色，果皮较薄，果肉软、多汁，味酸甜。果汁颜色土黄色，可溶性固形物含量16.6%～23.7%，可滴定酸含量0.42%～0.72%，出汁率79%。可酿制优质的白葡萄酒、香槟、白兰地等。酿成的酒，酒体浅黄微带绿色，澄清透亮，酒香悦人，柔和爽口，酒体丰满，回味深长。它与雷司令品种混合酿制的酒，具有良好的果香，原酒经贮存多年，酒香协调，口味醇和。

树势中等，芽眼萌发率高，结果枝占芽眼总数的80.0%以上，每个结果枝上大多着生1.8个果穗。结实能力强，产量较高，抗病性较强。在河北昌黎地区，4月中下旬萌芽，5月下旬或6月上旬开花，9月中下旬果实充分成熟，从萌芽至浆果成熟需153～158天。

该品种宜篱架栽培，采用中、短梢修剪。适应性强，较丰产，抗葡萄白腐病能力较强，但对肥水条件要求较高。适宜在沙壤地和丘陵地栽培，雨水稍多的年份要加强对葡萄黑痘病、炭疽病等病害的防治。适于华北、西北、东北南部和黄河故道地区栽培。

3. **琼瑶浆**（Gewürztraminer） 中熟品种，欧亚种。原产意大利北部。

果穗歧肩圆锥形，带副穗，穗中等大，平均穗重184克，果粒着生极紧密。果粒近圆形，粉红或暗红色，粒小，平均粒重1.4克。果皮厚，果肉多汁，有淡玫瑰香味。含糖量17.7%，可滴定酸含量为0.56%，出汁率为67%。每果含种子2～3粒。其酿造的葡萄酒香气浓郁，以独特的荔枝香气而闻名，色泽从浅黄至深金黄色，酒体丰厚，酒精度高，酸度则较低。

植株生长势中等，萌芽率为52.0%，结果枝占总芽眼数47.9%，每个结果枝平均着生果穗1.5个。结实力中等，产量中等，结果期晚。适应性强，抗病性较强，较抗葡萄黑痘病、炭疽病，易感葡萄白粉病。在山东济南地区，4月中旬萌芽，6月上旬开花，9月上旬浆果成熟，从萌芽至浆果成熟需142天。

此品种常用来酿制干白、甜白葡萄酒和贵腐酒，酿制的葡萄酒香味怡人。该品种喜冷凉气候和肥沃土壤，适合干旱、少雨地区种植。宜篱架栽培，以中、长梢修剪为主。

4. **赛美蓉**（Semillon） 中熟品种，欧亚种。原产法国波尔多，1980年从德国引入我国。

果穗圆锥形，有副穗，中等大，平均穗重250克，果粒着生疏松或中等紧密。果粒小，平均粒重3.3克，圆形，绿黄色，皮薄，肉软汁多，味甜。可溶性固形物含量21.0%，可滴定酸含量0.60%～

0.70%。每果含种子2～3粒。酿成的酒浅黄微带绿色，澄清透明，果香酒香浓郁，柔和爽口，酒质上等。

植株生长势中庸或稍强，芽眼萌发力中等。结果枝占芽眼总数的68.0%，每个结果枝上平均着生果穗1.9个，产量较高。较抗寒，抗病性中等，易感葡萄白腐病。在陕西8月中旬、河北沙城8月下旬果实成熟，从萌芽至浆果成熟需130～140天。

赛美蓉是酿制干白和半甜白葡萄酒的优良品种。该品种易栽培，具有开花晚、采收早的特点，易感染贵腐菌，可酿造甜美的贵腐葡萄酒。适于在中国北部的干旱或半干旱地区栽培。宜篱架栽培，中梢修剪。

5. 霞多丽（Chardonnay）　中熟品种，欧亚种。原产法国勃艮第，1951年由匈牙利引入我国，是酿制白葡萄酒的最主要品种。

果穗圆锥形，穗中等大，平均穗重225克。果粒中小，近圆形，平均粒重2.1～2.5克。果皮绿黄色，皮中厚，果肉稍硬，果汁较多，风味酸甜。出汁率76%以上，可溶性固形物含量19.0%，可滴定酸含量0.60%～0.68%。用其酿制的酒，淡柠檬黄色，澄清，幽雅，果香微妙悦人。

植株生长势强，萌芽率65.0%，结果枝比例高，平均在90.0%以上，坐果率中等，每个结果枝平均着生花序2.0个。适应性强，抗病力中等，较抗寒，不裂果，无日灼。在辽宁省绥中地区，5月初萌芽，5月底始花，9月上旬果实成熟，从萌芽到果实成熟需130天。

霞多丽是酿制白葡萄酒和香槟酒的优良品种，酿造的白葡萄酒有青苹果口感，因产地和酿酒方式不同而类型多样、风格各异。该品种适应性强，适应各类土壤，适合阴凉地种植，抗寒和抗病能力均较强。结果早且丰产性能好，对肥水条件要求较高。宜篱架栽培，中梢修剪。篱架栽培时应注意更新，控制结果部位上移。宜在我国北部较干旱地区栽培。

6. 小白玫瑰（Muscat Blanc）　晚熟品种，欧亚种。原产希腊。

果穗圆锥形带副穗，穗较大，平均穗重300克左右，果粒着生紧密。果粒小，近圆形，粒重2.4～3.4克。果皮绿黄色，皮薄，肉软，多汁，味甜，具浓郁玫瑰香味。可溶性固形物含量14.1%～17.5%，可滴定酸含量0.56%～0.74%，出汁率75%。

树势中等，结果枝占芽眼总数的34.0%～50.0%，每个结果枝平均着生花序1.5个，产量较高。适应性较强，抗病力中等，易感葡萄黑痘病、白腐病、灰霉病，不裂果。在北京地区，4月中旬萌芽，5月上旬开花，9月中旬成熟，从萌芽到果实成熟需151天。

小白玫瑰是酿制玫瑰香类型甜白葡萄酒和起泡葡萄酒的优良品种。用它酿造的葡萄酒果香浓郁、酒体醇厚、回味绵长，鲜食品质亦好。喜高温干燥，对土壤要求不严，山地、平地均宜，栽培在富钙土壤上品质更为优良。适宜在我国华北、西北等积温较高地区栽植。宜篱架或小棚架栽培，中、长梢修剪。

四、葡萄优良砧木品种

1. **贝达**（Beta） 又名贝特，原产美国。由河岸葡萄和康可杂交育成。

主要用作抗寒砧木，根系抗－12℃低温。抗葡萄根癌病能力稍弱，易感葡萄扇叶病、卷叶病、斑点病、栓皮病等病毒病。抗旱性中等，耐湿，耐盐。植株长势旺，扦插易生根，与多数品种嫁接亲和力好，嫁接鲜食品种时有明显“小脚”现象，但对生长、结果无影响。在我国东北、西北、华北地区均有应用。

2. **道格里吉**（Dog Ridge） 别名狗脊，香槟尼葡萄杂交后代，原产美国。

抗线虫能力较强，抗根瘤蚜能力中等，抗旱，耐瘠薄土壤能力较强，耐石灰性土壤能力中等。生长势强，扦插难生根，叶片可能携带根瘤蚜的虫瘿。与酿酒、制干品种嫁接后能提高接穗品种品质。常应用于疏松、沙质、可灌溉的土壤。

3. **和谐**（Harmony） 原产美国。

该品种树势中等，容易扦插生根，嫁接亲和性良好。抗葡萄根

癌病能力强，抗根瘤蚜、抗根结线虫能力较强，抗寒性较差。

4. **华佳8号**（Huajia No. 8）　由上海市农业科学院园艺研究所用野生华东葡萄与佳利酿杂交育成的砧木品种，1999年经过鉴定。

枝条生长旺盛，成枝率高，枝条扦插生根率中等，一年生成熟枝条出苗率60%以上。扦插苗根系发达，生长健壮，抗湿，耐涝，嫁接成活率高，嫁接苗生长旺盛，并促进早熟、丰产，适于南方地区应用。

5. **抗砧3号**（Kangzhen No. 3）　中国农业科学院郑州果树研究所以河岸580和SO4为亲本杂交育成，2009年通过河南省品种审定。

植株生长势强，枝条生长量大，枝条成熟度好，产条量高。该品种全年无任何叶部和枝条病害发生，无须药剂防治。高抗葡萄根瘤蚜和根结线虫，在新梢生长期易受绿盲蝽危害，耐盐碱，抗寒性强于巨峰与SO4，但弱于贝达。与生产上常用品种嫁接亲和性良好，用该品种作砧木的葡萄品种，生长势显著增强，施肥量减少，萌芽期、开花期和成熟期与自根苗相比，无明显差异。

6. **抗砧5号**（Kangzhen No. 5）　中国农业科学院郑州果树研究所以贝达和420A为亲本杂交育成，2009年通过河南省品种审定。

植株生长势强，生根容易，根系好，极耐盐碱，高抗葡萄根瘤蚜，高抗根结线虫，适应性广。与生产上常见品种嫁接亲和性良好，偶有“小脚”现象。对接穗品种夏黑、巨玫瑰和红地球等的主要果实经济性状无明显影响。

7. **山葡萄**（*Vitis amurensis* Rupr.）　原产中国、俄罗斯远东、朝鲜半岛，属东亚种群。

树势强，抗寒性特强，根系可抗－15 ℃低温，成熟枝条可抗－40 ℃低温。对线虫、根癌病抗性差，抗葡萄白粉病、白腐病、炭疽病、黑痘病能力较强，较耐瘠薄，不耐盐碱。实生苗生长发育缓慢，根系不发达，扦插生根较难，移栽成活率较低，且与大多数主栽品种嫁接后易出现“小脚”现象。可作为抗寒砧木，多作为培育抗寒砧木的亲本，也可用于鲜食和酿制葡萄酒。

8. 圣乔治（*V. rupestris* St. George） 原产法国，属沙地葡萄。

根系可抗－9 ℃的低温，耐盐能力适中。扦插容易生根，嫁接亲和力强。由于该砧木生长势强，嫁接坐果率低的品种时易导致产量降低，并使成熟期推迟，适于作高产酿酒品种的砧木。

9. SO4 原产德国，由冬葡萄和河岸葡萄杂交育成。

植株生长势强，根系发达，入土深，初期生长极迅速。产条量大，枝条扦插易生根，利于繁殖。与欧美杂种、欧洲种嫁接亲和性好，嫁接后产量提高，但稍有“小脚”现象。对土壤适应范围广，抗逆性强。抗根瘤蚜、抗根结线虫，抗葡萄根癌病能力强，抗酸，耐湿，耐石灰性土壤（17%～18%），耐缺铁失绿症，耐盐能力强，根系可抗－9 ℃低温。

10. 101－14 原产法国。系美洲种群内种间杂交种，由河岸葡萄和沙地葡萄杂交育成。

属多抗性砧木，抗葡萄根瘤蚜能力强，抗葡萄根癌病，抗根结线虫能力中等，耐湿，耐涝，较耐寒（－8 ℃），对黏性土壤适应性好，耐石灰性土壤能力弱，适于在微酸性土壤中生长。生长势中等，扦插生根能力中等，与欧亚种葡萄嫁接亲和力好，有“小脚”现象。嫁接后促进品种早熟，着色好，糖分含量高，酸含量低，可提高果实品质。

11. 1103P 原产意大利。由冬葡萄和沙地葡萄杂交育成。

抗根瘤蚜，抗根结线虫，抗缺铁失绿症。抗旱能力强，耐湿，耐石灰性土壤（17%～18%），耐盐性强，抗晚霜冻害。新梢生长势强，种条产量高，生根和嫁接状况良好。

12. 110R 由冬葡萄和沙地葡萄杂交育成。

树势旺盛，常推迟成熟。极抗根瘤蚜，中抗线虫，抗旱性强，较耐寒，耐石灰性土壤（17%）。产条量较少，不易生根。室内嫁接效果中等，但田间嫁接良好，与欧亚种葡萄亲和性好。

13. 140R 原产意大利。系美洲种群内种间杂交种，由冬葡萄

和沙地葡萄杂交育成。

属多抗性砧木，根系抗根瘤蚜、抗根结线虫能力较强，抗旱性强，耐石灰性土壤（20%），不耐湿，较耐酸。树势极强，产条量高，插条生根较难，不宜室内嫁接，田间嫁接效果良好。

14. 3309C　原产法国。美洲种群内种间杂交种，以河岸葡萄和沙地葡萄为亲本杂交育成。

抗石灰性土壤（11%），耐盐力中等，当盐分大于0.3%时易受害。对干旱敏感，不适应干旱、潮湿、排水不良的土壤，但抗根瘤蚜性能优良。该品种生长势旺盛，扦插易生根，嫁接亲和力好，嫁接后稍有“小脚”现象。

15. 3309M　由5A中选育出来，在德国应用广泛。

植株生长旺盛，产条量大，扦插生根率较高，嫁接品种亲和力较强，嫁接后接穗品种表现早熟。高抗葡萄根癌病、根结线虫和根瘤蚜，抗病毒能力强，土壤适应范围广，抗寒，抗旱，耐潮湿，耐盐碱，根系抗低温能力强。全年不用喷任何药剂。

16. 41B　欧美杂种，原产法国。为欧亚种葡萄沙斯拉和美洲种群冬葡萄的杂交后代。

抗根瘤蚜能力强，不抗线虫。耐石灰性土壤能力强（可达40%），雨季耐石灰性土壤能力降低。抗旱性较强，不耐湿，不耐盐，易感葡萄霜霉病。树势中庸，生根缓慢或困难，生根率仅15%～40%。室内嫁接成功率低，但田间嫁接效果良好。嫁接后可减弱树势。

17. 420A　由冬葡萄和河岸葡萄杂交育成。

喜肥沃土壤，树势弱，扦插生根率为30%～60%。抗根瘤蚜，较抗线虫，较耐湿，较抗旱，耐石灰性土壤（20%），耐缺铁失绿症。嫁接可促进果实早成熟，常用于嫁接高品质酿酒葡萄或早熟鲜食葡萄。与欧亚种品种嫁接亲和力好，稍有“小脚”现象。

18. 5A　原产意大利。由冬葡萄和河岸葡萄杂交育成。

抗根瘤蚜、抗线虫能力中等，对葡萄根癌病抗性较差。抗寒能力强，根系可抗－9℃低温，抗旱性中等，耐石灰性土壤，耐湿。

19. 5BB 原产奥地利。由冬葡萄和河岸葡萄杂交育成。

抗根瘤蚜的能力极强，对线虫也有较强抗性，抗旱性、抗盐性均强，耐湿性较强，耐石灰性土壤能力强（20%）。植株生长势旺盛，产条量大，生根良好，利于繁殖。嫁接成活率高，并有提高接穗品种品质、提早成熟和着色好的作用，坐果和产量中等，嫁接后稍有“小脚”现象。

20. 5C 从意大利引进。由冬葡萄和河岸葡萄杂交育成。

属多抗性砧木，抗根瘤蚜、抗线虫能力强，抗旱，抗寒，耐湿，耐石灰性土壤能力强，耐盐、耐酸能力弱。容易生根，嫁接亲和性好，嫁接的品种表现早熟、着色好、糖度高，与欧亚种品种嫁接要注意控制葡萄挂果量。可在高海拔地区或北部地区栽培，在德国和北欧部分国家使用较多，在日本北海道等地也较受欢迎。

21. 520A 系美洲种群内种间杂交种，由冬葡萄和河岸葡萄杂交育成。

树势较旺，易发副梢，易生根，但生根相对较慢，扦插成活率70%左右。耐涝性、抗盐性较强，抗旱性强，较抗根瘤蚜和线虫。嫁接亲和力好，嫁接酿酒葡萄后萌芽提早，萌芽率提高。

22. 8B 由冬葡萄和河岸葡萄杂交育成。

树势中庸，产条量大，扦插易生根。抗寒性较弱，抗旱力较强，耐湿性强。较抗线虫，抗根瘤蚜能力较弱。土壤中石灰含量大于17%时易缺绿。嫁接亲和性好，嫁接后品种提早成熟，提高果实品质。

第三章

葡萄的生物学特性

一、葡萄的生命周期与年生长周期

（一）生命周期

葡萄在整个生命过程中，有规律地进行着一系列形态变化和生理变化，经历不同的发育阶段，包括从实生苗的种子萌发或营养繁殖苗的芽萌动开始，经过生长、结果、衰老到死亡的全过程，这一过程称为生命周期。按照葡萄在生产实际中生长和结果的明显转变，可将其生命周期划分为胚胎期，童期或幼树期，结果期（结果初期、结果盛期、结果后期）和衰老死亡期 4 个时期。

1. **胚胎期**　实生苗的胚胎期从种子形成开始，包括精卵结合形成合子、胚的发育和形成种子；种子在良好环境条件（温度、水分等）下萌发，出现两片子叶和一片真叶，此时胚胎期终止，可持续 6～30 个月。

2. **童期**（幼树期）　这是指葡萄植株进入开花结果前的一段生长时期，主要形成树体的骨架和营养器官。幼苗从最初的数片真叶开始，各器官逐渐加强生长，根系旺盛发育，在体内积累大量的有机物质。露地播种的实生苗要 3～7 年才开始开花结果；从成年树上采集枝条进行无性繁殖的苗木，只存在幼树期，没有童期，2～3 年可开花结果。

在幼树期，可采用适宜的技术措施使其提前开花结果，如将实生苗嫁接在成年植株上，采用水培和保护地栽培，实生苗有可能在播后第二年开花。

3. **结果期** 从葡萄幼树第一次开花结果到开始出现产量明显下降等衰老特征为止。在这一时期葡萄植株经历较长的结实阶段，不断进行营养生长和生殖生长，地上部和地下部的生长达到高峰。通常将其细分为结果初期、结果盛期和结果后期3个时期。结果初期是从葡萄树第一次结果到开始有一定的经济产量为止；结果盛期是从葡萄树开始大量结果有经济产量起，到开始出现大小年和产量开始连续下降的初期为止；结果后期是从葡萄树出现大小年和产量明显下降起，到产量降到几乎无经济收益时为止。

不同园区葡萄结果期的长短变化很大，在良好的条件下，可达50～60年或更长，如果管理不善，植株20年左右或更短时间即衰弱且产量显著下降。此期栽培管理的目标是使植株尽快进入结果盛期，并尽量维持和延长盛果期年限。为此，必须采用综合农业技术，加强土肥水管理，进行适当的整形修剪，调节生长结果平衡，保持合理的新梢和果实负载量，注意防治病虫害等。

4. **衰老死亡期** 从开始出现产量明显下降等衰老特征开始，到葡萄树生命终结为止。在该期，葡萄树体生命活动衰弱，营养生长明显衰退，新梢生长量很小；主干容易受各种病虫伤害；骨干枝开始枯死，很难更新恢复生长；结果枝不断减少，开花结果不能正常进行，甚至不再开花结果，即使有少量结实，果实品质也差，逐步失去经济栽培价值。整株树缓慢结束所有生命活动。

虽然此期可利用潜伏芽寿命长的特点，采取一些更新措施来进行挽救，但更新后维持时间不长，树体生命活力仍会逐渐降低。一般生产性果园多进行砍伐清除衰老树，重新栽树。

不良的外界条件，如干旱、土壤排水不良、高温和养分亏缺等以及病虫害、结果过多等都会加速葡萄树的衰老过程。此期栽培管理的任务是尽量延迟衰亡期的到来或在植株表现衰弱时及时更新复壮；对于长期表现生长结实不良的葡萄园则应及时彻底改造、重新建园。

（二）年生长周期

葡萄的年生长周期是指在一年内随气候变化，植株表现出有一定规律性的生命活动过程。在年生长周期中，随季节性气候的变化，植物器官相应的生长发育动态时期称为物候期。物候期调查是了解葡萄生长结果规律的重要方法，也是制定果园周年管理技术措施、调控生长和结果的主要依据之一。

葡萄的年生长周期可分为生长期和休眠期两个阶段。

1. 生长期　生长期是葡萄植株各器官形态和生理功能表现出显著动态变化的时期。春天葡萄冬芽萌发，抽枝展叶，开花坐果。夏天进入旺盛生长期，各个新生器官继续生长发育，枝叶繁茂，果实逐渐增大。秋天果实发育逐渐成熟，新梢停长，枝条逐渐充实，芽体越来越饱满，叶片开始衰老，最后脱落，生长期结束。

生产上生长期中的重要物候期有伤流期、萌芽期、新梢生长期、开花期、坐果期、生理落果期、果实发育期、果实成熟期、新梢成熟期和落叶期。

（1）伤流期　从树液流动开始到芽萌发结束（彩图 18）。春季土壤耕作层温度逐渐上升到 7～10 ℃，冬芽膨大之前及膨大时，根部开始活动，根系吸收土壤中的水分和养分，在根压的作用下，与树体贮藏的养分一起（总称树液）沿木质部导管向植株的地上部输送，供萌芽所需。此时地上部如有新剪口（伤口），树液自剪口流出，出现伤流现象。随萌芽和幼叶生长，树体蒸腾量增加，根压降低，伤流即停止。

葡萄的伤流液与生长季中的树液在成分上有所差异，它的有机物（糖、酸）含量更高，而矿物质含量较低，说明伤流液主要是贮藏养分构成的。伤流液对树体的营养损失一般不大，但剪口下部的芽眼经伤流液浸泡后萌芽延迟并引起发霉及病害，因此，应避免在伤流期进行修剪或造成伤口。

（2）萌芽期　当日均温达到 10 ℃时冬芽膨大，随后鳞片裂开，茸毛露出，芽顶端呈现绿色。由于并不是所有的芽都能萌发，因此，当50%的芽达到萌芽标准即可作为葡萄的萌芽期。

萌芽的早晚随不同品种而有所差异。温度是影响葡萄萌芽最主要的外界因素，光照几乎对萌芽没有影响。在同一枝条上，顶端芽最先萌发，并抑制下部芽的萌发。在有倒春寒的地区，应尽量栽培萌芽较迟的品种或利用推迟修剪的方法推迟萌芽，防止寒害。

(3) 新梢生长期 新梢生长期是指新梢上各器官（叶片、节间、卷须和花序）的出现及生长时期。新梢生长呈典型的S曲线，开始生长缓慢，然后进入迅速生长期，开花期以后生长再次减缓，直至果实转色期停止生长。如果新梢摘心，则会促进副梢生长。新梢生长期一般为100～120天。如果新梢生长过旺，就会与花序争夺养分，导致落花落果，并推迟新梢停长期的到来，影响果实和枝条成熟。

在新梢生长的同时，副梢、卷须和叶片也进行生长。接近新梢顶端部分的副梢首先开始生长，新梢中部的副梢较长，着生在没有卷须的节上的副梢比在有卷须的节上的副梢长。

(4) 开花期 开花时，花蕾上的花冠呈片状裂开，由下向上卷起后脱落。葡萄从萌芽到开花一般需要6～9周，开花的时间和速度主要受温度的影响。一般在昼夜平均气温达到20℃时开始开花，在15℃以下时开花很少；一天中以上午8:00—10:00开花最集中。花期一般为6～10天，长短与品种及天气有关。晴朗、高温天气，开花进程加快，花期短；阴雨、低温天气，花开放不整齐，花期相对较长。

(5) 坐果期 落花后受精的子房迅速膨大即进入坐果期。许多品种的坐果与种子的发育有关。但有些无核葡萄品种坐果机理不同，是由单性结实或种子败育型结实所致。

(6) 生理落果期 没有受精的子房不能发育，一般在花后1周左右就会脱落。花后1～2周，如果受精后种子发育不好，不能产生足够的激素来调运营养，幼果缺少生长必需的养分供应，也会自行脱落，这种现象称为生理落果，之后完成坐果，幼果不再自行脱落。从葡萄本身来看，适当的生理落果是一种自我调节，使保持适

宜的坐果率。如果自身脱落过少，坐果过多，还需进行人工疏果，使果实满足商品价值。

(7) 果实发育期　葡萄生理落果后，果实进入快速生长期，幼果迅速生长、膨大，并保持绿色，质地硬，具有叶绿素，能进行同化作用，制造养分。在这一时期，浆果表现为生长的绿色组织。

(8) 果实成熟期　成熟期从果实转色（绿色品种果实变软）开始到浆果成熟时结束。该阶段浆果颜色改变（亦称转色期），果实体积进一步膨大，果实软化，并逐渐达到其品种特有的颜色和光泽。这一时期浆果果皮的叶绿素大量分解，白色品种果实色泽变浅，开始丧失绿色，微透明；有色品种果皮开始积累花青素，由绿色逐渐变为红色或紫色。

(9) 新梢成熟期　随着新梢的生长，新梢下部由绿色逐渐变成黄棕色或红色，表皮明显呈现出皱纹，枝条木质化，质地变硬，标志此部分新梢成熟。因葡萄新梢自然生长情况下不形成顶芽，属无限生长型，不经摘心处理的新梢前端总是幼嫩枝梢，这部分枝梢在休眠期到来前不能成熟，不能正常越冬，需要修剪去掉。

新梢的成熟度直接影响新梢的抗寒性、翌年春天的萌芽率以及扦插和嫁接的成活率。枝条成熟度越好，积累的营养越多，抗寒性越强，萌芽率越高，扦插和嫁接的成活率就越高。

在这一时期，任何引起早期落叶的因素都会影响枝条成熟。因此，在生长季要积极防治病虫害，尽量保持有足量健康的叶片，并获得足够的光照；还要注意合理负载，保证新梢生长量适当，维持健壮树势；另外在生长后期控制氮肥的用量和水分的供应，使新梢及时停止生长。

(10) 落叶期　此期从开始落叶到叶片全部脱落为止。在枝条成熟后期，叶片的构成物质开始分解，并逐渐向其他部分转移。叶片颜色也发生变化，白色品种的叶片开始变黄；红色品种的叶片变黄，有时产生红色或褐色的斑点；果汁带色品种的叶片变红。最后，叶柄基部形成离层，叶片脱落。

2. 休眠期　一般是指从秋季落叶之后开始，到翌年树液开始流动为止。葡萄进入休眠期后，葡萄的芽或其他器官生长暂时停滞，体内的代谢活动极弱，表面上观察不到任何生长变化。葡萄的休眠是一种对逆境的适应特性，处于休眠期的树体对低温忍耐力增强，有利于度过寒冷的冬季。

葡萄的休眠一般可划分为自然休眠期和被迫休眠期两个阶段。自然休眠是指由果树内在因子决定的一种休眠。在自然休眠状态下，即使给予适宜生长的环境条件，植株仍然不能萌芽生长。对葡萄树而言，只有正常进入并通过自然休眠，才能正常进行翌年的生命活动。

虽然习惯上将落叶作为自然休眠期开始的标志，但实际葡萄新梢上的冬芽进入休眠状态要早得多。约在 8 月间，新梢中下部充实饱满的冬芽即已进入休眠始期，9 月下旬至 10 月下旬处于休眠中期，到翌年 1—2 月即可结束自然休眠。如此时温度适宜，植株即可萌芽生长，否则就处于被迫休眠状态。被迫休眠是指由于不利的外界环境条件，如低温、干旱导致的生长发育暂时停滞，逆境一旦消除即恢复生长。

自然休眠不完全时，植株表现出萌芽期延迟且萌芽不整齐，开花坐果不良。解除自然休眠需要在低温条件下度过一段时间，这段时间称为需冷量，通常以≤7.2 ℃低温的累加小时数表示。葡萄完全打破自然休眠一般要求 800～1 200 小时。利用保护地栽培葡萄，如计划提前到 12 月或 1 月间加温，可提前用 10%～20%的石灰氮浸出液涂抹或喷布芽眼，从而打破自然休眠，使芽眼萌发迅速和整齐。

二、葡萄器官的形态特征与生长发育特性

葡萄是多年生藤本植物，由地上部和地下部两部分组成。地上部包括枝蔓、芽、叶、花、果穗和浆果，地下部则由根系组成。

（一）根系及其生长特性

1. 根系的类型 葡萄植株的地下部分统称为根系，因繁殖方

法的不同，葡萄根系结构有明显差异。由种子发育而来的实生根系有发达的主根，分布较深，并分生各级侧根，适应外界环境的能力较强。实生根系个体间差异较大，在嫁接情况下，还受到地上部接穗品种的影响。

以扦插和压条繁殖方法获得的茎源根系，没有明显主根，只有若干条粗壮的骨干根，从骨干根再分生出各级侧根及细根。茎源根系分布较浅，生理年龄较老，生活力相对较弱，但个体间比较一致，是目前我国葡萄栽培中的主要根系类型。

2. 根系的结构 生长粗大的主根和侧根构成了葡萄根系的主要骨架，称为骨干根。在侧根上形成的较细的根为须根，又可分为生长根、吸收根、根毛及输导根。

生长根为白色、较粗（是吸收根的 2～3 倍）而长的根，有吸收能力，其功能主要是促进根系向新土层推进，延长和扩大根系分布范围，形成侧分支即吸收根。生长根经过一定时间生长后颜色转深，变为过渡根，再进一步发育成具有次生结构的输导根，并随根的年龄加大而逐年加粗，变成骨干根。

吸收根为白色，较细（0.1～4.0 毫米长、0.3～1.0 毫米粗）的根，其主要功能是从土壤中吸收水分和矿物质，并将其转化为有机物。吸收根具有高度的生理活性，在根系生长高峰期，吸收根的数目可占植株根系的 90%以上，其数量与植株营养状况关系极为密切。吸收根寿命短，仅 15～25 天，经一定时间逐渐转为浅灰色的过渡根，而后自疏死亡。

根毛为生长根和吸收根的表皮细胞向外突起的管状结构，是葡萄根系吸收养分和水分的主要部位。根毛寿命很短，随吸收根的死亡及生长根的木栓化而死亡。

输导根的主要功能是输导水分和营养物质，并起固定的作用，同时也有吸收能力。

3. 根系分布特征 葡萄为深根性作物，根系分布随土壤类型、气候、地下水位、栽培管理方式的不同而不同。大多数情况下，密集垂直分布于地下 20～40 厘米，旱地表层 30 厘米以内很少有吸收根，主要密集分布于土层以下 30～60 厘米。在经常灌溉或施肥浅的葡萄园中，根系分布浅，靠近地表。水平分布与架式有关，棚架栽培下根系多，分布远，棚架栽培的葡萄如果地上部枝蔓全部朝向一个方向，则根系分布也会表现出和地上部的对应性。

4. **根系生长特性** 葡萄枝蔓上很容易产生不定根，在生产上多采用扦插法繁殖。单芽扦插的长出一条或数条根，插条的不定根主要产生在节上，因此用有几个芽的插条扦插则长出几层根。在空气湿度大、温度较高的情况下，在多年生蔓上常长出气生根。

葡萄根系具有菌根，是葡萄根与某些土壤真菌菌丝的共生体。菌根可以帮助植株从土壤中吸收水分和养分，尤其是有利于磷的吸收。

葡萄根系没有自然休眠，如果土温常年保持在 13 ℃以上、水分适宜的条件下，可周年生长而无休眠期。但是，在自然条件下，由于环境的限制，如冬季低温，迫使根系处于休眠状态。葡萄根系的年生长周期随品种、气候、土壤不同而异，在早春地温达到 7～10 ℃时根系开始活动，地上部有伤流出现；土温达 12～13 ℃时，根系开始生长，在 20～25 ℃时根系生长最旺盛。

北方葡萄一年中根系有两次生长高峰，第一次在 6 月下旬至 7 月中旬，即果粒膨大期，新梢加速生长时，是根系一年中生长最旺盛、发生新根最多的时期；炎热的夏季，地温高达 28 ℃以上时，根系生长缓慢，几乎停止。在 8 月下旬至 9 月中下旬浆果采收后，根系又开始进入第二次生长高峰，此期生长量小于第一次生长高峰期。随着气温下降，根系生长也逐渐缓慢，当地温降至 10 ℃以下时，根系只有微弱活动。在年生长周期中，根系生长与地上部器官的相互关系是复杂的，根系年生长周期变化是与地上部器官生长发育综合平衡的结果。

葡萄根系具有很强的吸收能力，因其根部细胞渗透压很大，可达 203 千帕，是葡萄耐高浓度盐碱、在盐碱地生长发育正常的主要原因之一。葡萄春季萌芽期根压大，加之根和茎组织中导管发达，地上部的新剪口容易出现大量伤流，据测定，1 个剪口 1 天之内伤

流液可达1升左右。

葡萄根系非常发达，为肉质根，髓射线发达，贮藏有大量的营养物质，包括水分、维生素、淀粉、糖等各种成分。

葡萄根系冬季抗寒性较差，欧亚种在－5℃以下发生冻害，欧美杂交种能抗－6℃低温，美洲种则能抗－7℃低温。

（二）茎的形态及其生长特性

葡萄是藤本植物，在自然状态下，为了获得光照和空间而攀缘生长。葡萄的茎通常称为枝蔓或蔓，具有细长、坚韧、组织疏松、质地轻软、生长迅速的特点，一年可长几米至十几米，茎上着生有卷须以攀缘。在栽培条件下，需通过修剪和绑缚才能使植株离开地面向上生长。

1. 茎（枝蔓）的形态 葡萄地上部的茎（枝蔓）主要包括主干、主蔓、侧蔓、结果枝组、结果母枝、结果枝、生长枝、新梢和副梢等。

从地面发出的单一树干称为主干，主干上的分枝称为主蔓，一条龙树形主干即是主蔓；如果植株从地面上发出的枝蔓多于一个，则都称为主蔓，此时树形为无主干类型。

主蔓上的多年生分枝称为侧蔓。带有叶片的当年生枝为新梢，新梢叶腋中由夏芽或冬芽萌发而成的二次梢称为副梢。着生果穗的新梢称为结果枝，不具有果穗的新梢称为生长枝，从地面隐芽发出的新梢为萌蘖枝。

新梢生长到秋季落叶后至翌年萌芽之前称为一年生枝，如果一年生枝的节上着生的冬芽为花芽，第二年春抽生结果枝，则可称其为结果母枝。由结果枝和生长枝组成的一组枝条称为结果枝组。

由于北方葡萄树冬季需下架埋土防寒，多整成无主干、多主蔓、无侧蔓的树形，在主蔓上直接着生结果枝组。主蔓（一般1～3个）通常又称为龙干。

2. 新梢（茎）的生长特点 葡萄的茎细而长，髓部较大，组织较疏松。新梢（主梢）由冬芽中的主芽萌发而成，由节、节间、叶、卷须、果穗和芽组成。节部稍膨大，一侧着生芽和叶片，另一侧光秃或着生卷须或果穗。两节之间为节间，节间长短与品种和树势有关。叶腋内着生芽，含冬芽和夏芽，其中冬芽一般当年不萌发，夏芽为早熟性芽，形成当年即萌发抽生副梢（图 3-1）。

当日均温稳定在 10 ℃以上时，葡萄茎上的冬芽开始萌发长出新梢，随气温不断上升，新梢生长加快，在 3～4 周后生长最快，1 昼夜可生长 5～7 厘米。坐果以后，由于各器官间争夺养分，新梢生长速度逐渐减慢。葡萄新梢属于无限生长型，不形成顶芽，只要环境条件合适，可一直生长，一般新梢每年可生长 1～2 米，长者可达 10 米及以上，生产上多通过夏季修剪、肥水管理等措施控制新梢生长。

图 3-1　葡萄的新梢

1. 结果母枝　2. 结果枝　3. 冬芽　4. 节间　5. 副梢　6. 节　7. 花序　8. 叶片　9. 卷须

（引自张玉星，2005）

葡萄枝条具有背腹性，在新梢生长过程中，背面生长比腹面快，使梢尖呈弯曲状，新梢生长越旺，梢尖弯曲的程度越大，据此可判断植株的新梢生长状态。

葡萄新梢在生长后期木质化并逐渐成熟，成熟过程中，下部先变成褐色，然后逐步上移。秋季新梢成熟过程伴随着抗寒锻炼过程，经抗寒锻炼可使新梢上的芽眼抗寒力由－8～－6 ℃提高到－18～－16 ℃或更低温度。生产上应注意合理留产，维持健壮树势，生长后期控制氮肥用量和水分供应，使新梢及时停止生长，以利新梢成熟和更好地接受抗寒锻炼。

(三) 芽的种类、形态及花芽分化

1. 芽的类型　葡萄枝梢上的芽是新枝的茎、叶、花的过渡性器官，包括冬芽、夏芽和潜伏芽。

葡萄新梢每节叶腋间存在两种芽，即冬芽和夏芽。

夏芽没有鳞片，故称裸芽，属早熟性芽，当年形成当年萌发，一般展叶后20多天即成熟，可萌发为夏芽副梢。夏芽副梢叶腋间又能形成夏芽，因此，在年生长周期内，主梢上可多次抽生夏芽副梢，多次形成花芽，开花结果，出现二次果、三次果。副梢发生数量和程度与品种特性及栽培管理有密切关系，要及时控制多余的副梢，减少其与主梢争夺养分和光照。幼树期可以利用副梢加速整形，促使幼树提早结果。如主梢产量不足或者在生长季长的地区，植株长势较旺，可以利用副梢多次结果增加产量。

冬芽由鳞片包被，一般分化后需通过越冬至翌年春才萌发。冬芽外观为1个芽，俗称芽眼，但解剖观察为几个芽的复合体，中央有1个主芽，其下方四周环绕有3～8个副芽（图3-2）。主芽比副芽分化程度深，当年生长末期可分化出7～8个节，副芽的构造基本上和主芽相似，只是发育程度浅，秋季落叶时仅能分化3～5节，质量较差。春季通常只是主芽萌发生长，若主芽受伤时副芽可萌发，但有时副芽也可随主芽同时萌发，可见从1个芽眼萌发出2～3个新梢，一般在栽培上只保留1个发育最好的新梢。

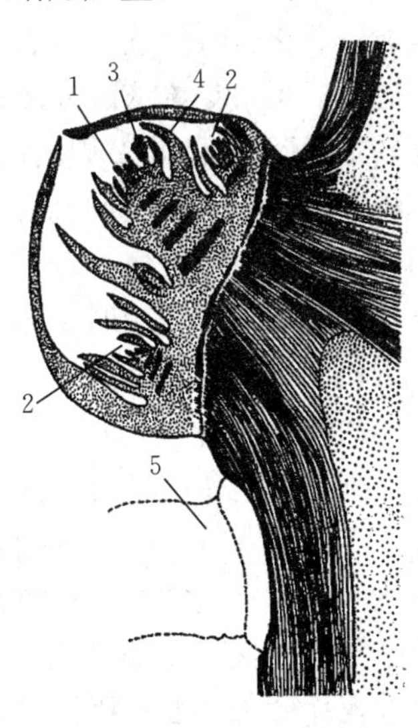

图3-2　葡萄的冬芽
1. 主芽　2. 副芽　3. 花序原基　4. 叶原基　5. 已脱落的叶柄
（引自张玉星，2005）

潜伏芽也是冬芽的一种，多着生在枝条基部且发育不完全，寿命较长，一般情况下不萌发，受到刺激时才能萌发成新梢，如大枝蔓受损、重修剪、重回缩等。在生产上可利用潜伏芽来添补枝蔓光秃部位，更新老蔓。

2. **花芽和花芽分化** 带有花序原基的芽称为花芽，而不带花序原基的芽称为叶芽。葡萄的花芽属于混合花芽，萌发后先抽生枝叶，再在其上开花结果。带有花原基的冬芽为冬花芽，带有花原基的夏芽为夏花芽。花芽是葡萄开花结果的物质基础，花芽形成的多少及质量的好坏与葡萄产量的高低和质量的好坏有直接关系。

冬花芽一般在花期前后从主梢下部第三至第四节的芽开始分化，随新梢生长，各节的冬芽自下而上开始分化，花后2周第一个花序原基形成，花后2个月左右形成第二个花序原基，以后速度放缓，入冬前在3～8节冬芽上可分化出1～4个花序原基，但只分化出花托原基。冬芽开始进入休眠后，整个花序原基在形态上无明显变化，分化暂时停止。到第二年春季萌芽展叶以后，冬花芽再次开始分化，每个花蕾依次分化出花萼、花冠、雄蕊和雌蕊。一般在萌芽后1周形成萼片，2周出现花冠，18～20天雄蕊出现，再过1周形成雌蕊。花芽分化时间和花序上的花蕾数量，因品种和树势不同而异。

葡萄花芽分化历时1年，持续时间长，且花的各器官主要是在春天萌芽以后分化形成的，依靠上年树体内贮藏的营养物质。花芽分化的质量差异与树体营养状况和外界条件有关，当营养积累充足，外界环境条件适宜，如合适的温度、适当的水分与充足的光照等，冬芽花芽分化的强度和质量均高；如果树体贮藏营养不足或春季气候条件不适宜（如持续低温阴雨或持续高温），有可能使上一年已分化出现花原基的冬芽不再继续分化而变成卷须。因此，为了促进花芽分化，上一年就应加强管理（如秋施肥、适时摘心、除副梢与控制结果等），增加树体营养，保证花芽分化对营养的需求。

花芽分化的强度与品种有关，如佳利酿比玫瑰香花芽分化强度大，一般具有2～3个果穗，最多可达4个果穗，而玫瑰香一般为1～2个果穗，3穗较少；花芽分化的强度还与芽形成的时间有关，

新梢基部第一至第三节间的芽，是在新梢开始生长时形成的，由于当时气温较低、新梢生长缓慢等因素，致使这些芽的芽体较小，一般不能分化成花芽或分化的花芽质量较差。当新梢进入第一次生长高峰，平均气温在 20 ℃以上时，叶片光合作用增强，营养充足，有利于高质量花芽形成。栽培技术措施可影响花芽分化节位，如通过摘心等夏季修剪措施可使枝基部 1～3 节位冬芽形成良好花芽，这在葡萄龙干形整枝、极短梢修剪中广泛应用。因此，对于不同品种、不同整枝方式的葡萄园，应首先了解优质冬花芽着生的位置，以确定剪取枝条的长度。

葡萄夏芽抽生的副梢，在自然生长条件下一般不易形成花序，如果通过对主梢摘心改善营养条件，也能促使其产生花序。夏芽的花芽分化出现在当年新梢第五至第七节上，随着夏芽生长分化，当具有 3 个叶原基时，就开始分化花序，但一般花序较小。夏芽具有早熟性，其花芽分化时间较短，但有无花序则与品种和农业技术有关，如巨峰品种有 15%～30%的夏芽副梢有花序，产量不足时，可利用其结二次果。

（四）叶的形态及生长特点

1. 叶的类型与形态 栽培葡萄的叶为单叶，互生，由叶柄、叶片和托叶组成。叶幼小时，在叶柄基部有两片浅绿色的托叶，在发育初期起保护作用，以后脱落。叶柄较长，叶片通常较大，有锯齿，其形状有圆形（近圆形）、卵圆形（心形）和扁圆形（肾形）等，有深浅不同的裂片，多表现为 5 裂，呈掌状，也有 3 裂、7 裂或全缘无裂片。裂片与裂片之间凹入的部分叫裂刻，裂刻的深度有浅、中、深和极深。葡萄叶背面的表皮细胞常衍生出各种类型的茸毛，分为丝状毛（平铺）、刺毛（直立）和混合毛（丝状毛与刺毛并存）。一般以 7～12 节正常叶片为标准，叶片的这些特征可作为识别葡萄品种的重要依据。

2. 叶片的作用及生长特点 葡萄叶片从展叶到长到固定大小一般需 1 个月左右，叶片的作用主要是进行光合作用，制造有机营养物质，还有呼吸和蒸腾等作用。随叶片生长，其光合效率逐渐增强，当叶片长到最大时光合作用最强，制造营养最多。幼叶长到正常叶大小的 1/3 以前，叶片光合作用制造的碳水化合物不能满足自身生长的消耗，只有长到正常叶片大小的 1/3 以上时才能自给自足，并能把多余的光合产物输送出去，供其他器官和组织利用。老叶在生长后期光合效率显著降低。当叶片受到病虫危害时，光合能力下降，因此，生产上要针对不同叶片在不同时期的特性，采取相应的技术措施提高叶片的光合作用效率。秋季葡萄叶片随着气温的下降逐渐变色，经历霜冻最后脱落。

（五）花序、花及卷须

1. 花序 葡萄的花序是在冬芽中形成的，数量在萌芽前已经确定，其质量与营养条件的关系极为密切。葡萄的花序属于复总状花序，呈圆锥形，着生在叶片对面，由花序梗、花序轴、支梗、花梗和花蕾组成，有的花序上还有副穗。花序一般分布在结果枝的3～8 节上。欧亚种品种每个结果枝上有花序 1～2 个，美洲种品种每个结果枝上往往有 3～4 个或更多，欧美杂交种品种每个结果枝上一般有 2～3 个花序。花序上的花蕾数因品种和树势而异，一般发育好的花序有花蕾 200～1 500 个。在一个花序上，花序中部的花蕾质量最好、成熟早，基部花蕾次之，尖端的花蕾发育差。发育好的花蕾开花较早，所结果实质量好。因此，生产上多采用掐穗尖措施，即去掉花序顶部 1/4 部分，每穗留 100～150 个花蕾，以提高坐果率和果实质量，使果穗相对整齐。

2. 花 根据雌蕊和雄蕊发育情况，将葡萄的花分为 3 种类型，分别是两性花（完全花）、雌能花和雄能花，后两种类型亦称不完全花（图 3-3）。

葡萄的花很小，完全花由花梗、花托、花萼、蜜腺、雄蕊和雌蕊等 6 部分组成。葡萄的花冠呈绿色，由 5 片连接在一起，呈帽状；雄蕊 5～8 个，由花药和花丝组成，排列在雌蕊四周；雌蕊 1 个，由子房、花柱和柱头组成；子房圆锥形，有 2～3 个心室，每

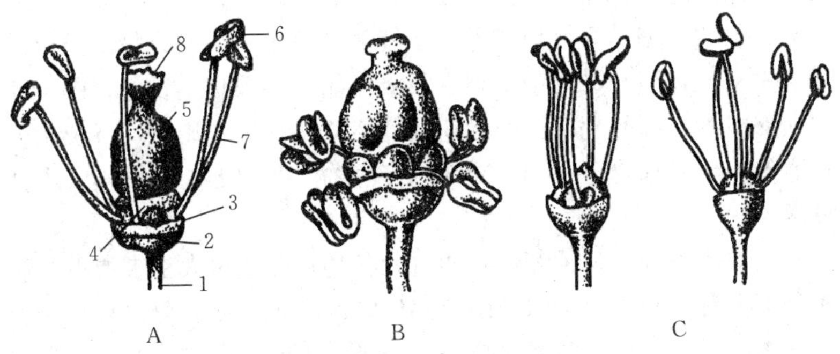

图 3-3 葡萄花型与构造

A. 完全花：1. 花梗 2. 花托 3. 花萼 4. 蜜腺 5. 子房 6. 花药 7. 花丝 8. 柱头

B. 雌能花 C. 雄能花

（引自李华，2008）

室 2 个胚珠，受精后形成 0～4 粒种子，子房下部有 5 个圆形蜜腺。

两性花具有发育完全的雌、雄蕊，雄蕊直立，花丝较长，花药内的花粉有发芽能力，能自花授粉结实，绝大多数品种为此种类型。

雌能花具有发育正常的雌蕊，雄蕊败育，花丝比柱头短或向外弯曲，花粉无发芽能力。雌能花葡萄在有两性花或雄花花粉授粉情况下可以正常结果，否则只形成大量的无核小果，并表现严重落花落果。如黑鸡心、安吉文等品种和野生种的部分植株，必须配置授粉品种或进行人工辅助授粉才能结实。

雄能花仅有雄蕊而无雌蕊或雌蕊发育不完全，没有花柱和柱头，不能结实。此类型花仅见于野生种，如山葡萄和刺葡萄中的一些品种。

3. 卷须 葡萄的卷须和花序在植物学上是同源器官，均与叶片对生。在主梢的第三至第六节起、副梢第二节起着生卷须。卷须在节上呈间歇排列，即连续两节有卷须，然后一节无卷须；只有美洲葡萄例外，其卷须在枝上为连续排列，称为连续型。葡萄卷须有简单型和复合型两大类，简单型卷须不分杈，复合型卷须分杈，欧亚种葡萄的卷须多为二分杈或三分杈型。

卷须的作用是攀缘他物以固定枝蔓，使植株得到充足阳光，有利于生长，在葡萄进化中起到了积极作用。卷须在生长过程中，如遇到支撑物，即受到刺激而迅速环绕生长，随后木质化，将枝蔓牢固地附着于支撑物上；如未能遇到支撑物，绿色的卷须则慢慢干枯脱落。

在栽培条件下，葡萄设有架材，各种枝蔓通过人工绑缚引导使其合理占有空间，不需卷须固定部位。因卷须消耗养分，且缠绕后迅速木质化，给埋土防寒时枝蔓下架等管理带来困难，故所有卷须应当随时剪除，以防扰乱树形和消耗营养。

（六）开花坐果

葡萄从萌芽到开花一般需要 6～9 周，开花的速度和时间主要受温度的影响。一般在日均温达 20 ℃时开始开花。葡萄的开花外观上就是花冠脱离。开花初期，花冠基部开裂，通过雄蕊生长产生向上顶的力量，使花冠脱落。成熟良好的花，在日照好、空气干燥以及气温适宜（20～25 ℃）时，每朵花开放时间仅 3 小时左右。花期与品种及天气有关，一般为 6～10 天。同一花序上的花蕾开花顺序一般是中部花先开，随后是基部花，最后是顶部花。同一新梢上着生在下部的花序开花较早。

有的品种在花冠脱落前就已完成授粉、受精过程，这种现象称为闭花授粉，大多数品种仍是在花冠脱落后才进行授粉受精。盛花后 2～3 天没有受精的子房一般在开花后 1 周左右脱落，不能形成果实。受精后有很大一部分花和子房脱落，脱落盛期约在开花盛期后 9 天，一般脱落 40％～60％是正常的，为生理落果。生理落果主要由品种自身的生物学特性决定，因花量极大，需要进行自然稀疏；生长前期树体内贮藏营养不足，引起胚珠发育不良，不完全花增多和花粉发芽率低，导致坐果率低，巨峰系品种在遗传性上本身就存在胚珠发育不全的特性，对贮藏营养的供应更加敏感；树势过旺，使营养生长和生殖生长之间产生矛盾，争夺养分，加剧落花落

果；不良气候条件，如开花期前后出现低温、阴雨、高温和干旱等气候，影响花器的正常发育和授粉受精过程的正常进行。

针对上述造成葡萄落花落果的原因，生产上应采取一些措施以提高坐果率，如加强上一年的综合管理，增加树体贮藏营养，合理修剪、施肥，保持树势中庸健壮，花期喷硼和植物生长调节剂，结果枝花前摘心，掐花序尖等。

（七）果穗、果粒和种子

1. **果穗** 葡萄开花、授粉、受精、坐果后，花朵的子房发育成浆果，花序形成果穗。果穗由穗梗、穗梗节、穗轴和果粒组成（彩图 19）。穗梗由花序轴发育而成，从结果新梢的着生处起，到果穗的第一分支部分，长度因品种而异。花序轴各级分支发育成穗轴，各级穗轴分担果实重量，并向浆果输送大量养分。穗梗节为穗梗末端的膨大处，常分生出卷须，卷须上可有数量不等的花朵，能发育成一个果穗分支。如果果穗的第一分支特别发达，第一分轴超过穗长的一半，称为副穗；而果穗的第一分支没有达到穗长的一半时，称为歧肩。

葡萄果穗因各分支的发育程度不同表现出各种形状，自然形状可归纳为圆锥形、圆柱形和分枝形三大类；根据分轴大小和分轴级数，穗形又产生很多变化。

果穗的大小、形状与品种有关。果穗大小可根据果穗的长度划分为小型、中型、大型和特大型 4 种：果穗长度不足 10 厘米的为小型穗；10～15 厘米的果穗为中型穗；15～30 厘米的果穗为大型穗；30 厘米以上的果穗为特大型穗。也可根据穗重划分葡萄果穗：小型穗，150 克以下；中型穗，150～250 克；较大型穗，250～400 克；大型穗，400～600 克；特大型穗，600～800 克。

果穗的大小直接关系到产量高低，鲜食品种要求中等或较大果穗，酿造加工品种则无特殊要求。为提高鲜食葡萄品质，一般剪除果穗上部的 1～3 个分支和穗尖。

果穗的紧密度因穗轴的结构特点、果梗长短、果粒大小及坐果率不同而异，根据果穗上着生果粒的密度可将果穗紧密度分为极紧穗、紧穗、松穗和散穗4种类型，鲜食品种最适宜的紧密度是介于紧穗和松穗之间，果粒充分发育为好。

2. **果粒** 葡萄的果粒是开花授粉、卵细胞受精后由子房发育成的浆果，包括果梗、果蒂、果刷（维管束）、外果皮、果肉（中果皮）和种子（或无种子）等部分（图3-4）。

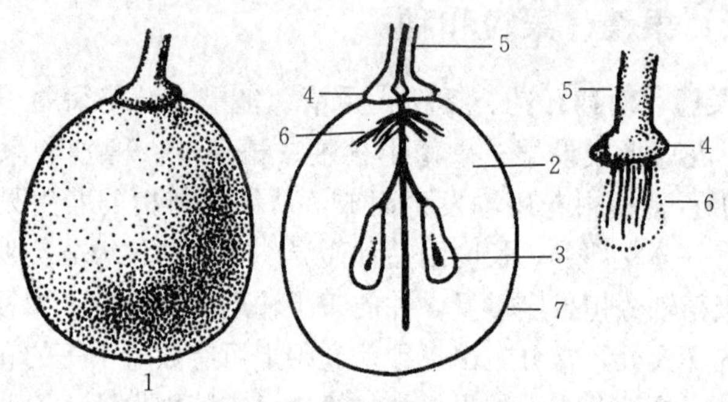

图3-4 葡萄的浆果

1. 外形 2. 果肉 3. 种子 4. 果蒂 5. 果梗 6. 果刷 7. 外果皮

（引自李华，2008）

果梗长，浆果在穗轴上排列不紧密，有利于浆果发育。果刷是浆果中的维管束，是向浆果输送营养的通道，并可固着果肉，因此果刷大、分布广时，浆果的耐拉力强，不易脱粒，耐贮藏和运输。浆果的外果皮由子房壁发育而来，包括表皮、下表皮和部分果肉外层，起保护作用，并含有多种色素、芳香物质、单宁及鞣酸等；果皮分为绿色、黄绿色、粉红、红、紫红和紫黑等多种颜色；多数品种的果皮外有一层果粉，可以阻止水分蒸发和减少病虫危害。果肉由子房壁发育而成，是果实的主要部分，鲜食葡萄的果肉细胞具有较厚的细胞质膜，细胞汁液较少，肉质肥厚、紧脆；酿酒品种的果肉细胞质膜较薄，并在浆果成熟时溶解，使果肉充满汁液。

常见的果粒形状有圆形、圆柱形、扁圆形、椭圆形、束腰形、卵形和鸡心形等。果粒大小按果实的纵径（即果蒂基部至果实顶部

的长度）或果实的重量划分为 4 类：小果型，果实纵径 13 毫米以下，或果实重量 3 克以下；中果型，果实纵径 13～18 毫米，或果实重量 4～6 克；大果型，果实纵径 19～23 毫米，或果实重量 7～9 克；特大果型，果实纵径 23 毫米以上，或果实重量 10 克以上。

葡萄果粒大小、果肉质地、果刷中维管束的多少以及细胞壁的厚薄会影响葡萄的耐贮运性。果粉多少及果皮厚薄因品种而异，直接影响外观和耐贮运性。浆果的果皮厚薄、汁液含量和成分以及色素和芳香物质等特征都对葡萄和葡萄酒的品质有重要影响。

3. **浆果发育**　此时期葡萄浆果从受精坐果开始生长直到成熟，伴随着体积增大的同时，发生着形态（颜色、硬度与形状等）变化和化学成分（糖、酸与多酚类物质等）变化。果实生长发育呈双 S 曲线，一般需经历以下 3 个时期。

(1) 浆果快速生长期　此时期是果实纵径、横径、重量和体积增长最快的时期。此期浆果为绿色，肉硬，含酸量高，含糖量低。大部分葡萄品种需持续 5～7 周。

(2) 浆果生长缓慢期（硬核期）　在快速生长期之后，浆果发育进入缓慢期，外观表现停滞生长，主要是果实内的种胚迅速发育和硬化，胚的体积达到最大。浆果酸度达到最高水平，并开始糖的积累。此期长短与品种的成熟期早晚有关，早熟品种时间较短，而晚熟品种时间较长。此期一般持续 2～4 周。

(3) 浆果最后膨大期　此时期是浆果生长发育的第二个高峰期，但生长速度次于第一期。此期浆果慢慢变软，酸度迅速下降，可溶性固形物含量迅速上升，浆果开始着色。此期持续 5～8 周。

4. **种子**　葡萄果实中种子的数目与品种和营养条件有关。一般为 1～4 粒，多为 2～3 粒，在构成子房的心皮数大于 2 的情况下，还可见 5～8 粒。葡萄种子多呈梨形，有厚且坚硬的种皮和突出的喙。种子中含有胚和胚乳，胚位于喙中，是种子的生长点，胚乳是营养库，种子萌发时由胚乳供给营养物质，由胚长出根和枝叶，成长为新的植株。

种子是产生生长素、赤霉素和细胞分裂素的重要器官。这些激素能够刺激果实发育，并吸引养分向果实运输。无核葡萄品种因为是胚囊发育不良情况下的单性结实，或是由于受精后胚败育不能发育成种子，因而缺乏激素，通常果粒较小，生产上常外用赤霉素代替种子的作用促使果实膨大。

许多葡萄品种有时只有部分果粒有正常的种子，而另一部分果粒无种子，这些无籽果粒是由未受精的子房发育而成，一般较小而圆，这样的果穗表现出果粒大小不整齐。

三、葡萄对环境条件的要求

葡萄的生长发育与外界环境条件有密切关系，其中，气候因素起重要作用，其次是土壤条件。外界环境条件不仅决定葡萄的分布范围，也影响葡萄的产量和品质。

（一）温度

葡萄是喜温植物，对热量的要求高。温度不但决定葡萄各物候期的长短及通过某一物候期的速度，还在影响葡萄的生长发育和产量品质的综合因子中起主导作用，同时，也是决定葡萄区划和葡萄加工方向的重要条件。

葡萄由于其枝蔓较软，便于埋土防寒，因而扩大了其栽培区域。在北方冬季休眠期间，欧亚种品种的成熟枝芽一般只能忍受约－15 ℃的低温，根系只能抗－5 ℃左右；而美洲种或欧美杂交品种的枝条和根系，分别能忍受－20 ℃以下和－7～－6 ℃低温。因此，在我国北部栽培葡萄，多年平均最低温度低于－15～－14 ℃的地区应进行埋土防寒，葡萄植株方能安全越冬。不过，这也不是绝对的，因为葡萄的安全越冬不仅受绝对低温的影响，还受干旱等问题的影响。我国北部地区冬季寒冷干旱，雨雪少，寒风多，空气干燥，不埋土的葡萄枝芽常被风干抽条，第二年部分或全部芽眼不萌发，严重影响安全越冬。因此，在葡萄种植区划时，应将年极端最低温度作为一个重要因素来考虑，同时还应参照其他环

境因素。

在葡萄品种中，贝达和山葡萄类型品种抗寒性最强，他们的根系可耐－16～－14 ℃的低温，休眠的枝蔓可抗－40 ℃低温，因此，寒冷地区常用山葡萄或贝达作抗寒砧木。

葡萄为落叶果树，具有冬季休眠期，一般打破自然休眠要求的低温（－7.2 ℃以下）时间为1 000～1 200小时，在我国南方各省栽培时，需考虑当地气候条件，应满足葡萄最低的需冷量。

葡萄生长期顺利完成生长发育需要足够的热量，栽培上常采用有效积温来衡量不同品种在一年中对热量的要求。由于欧洲种葡萄在日均温达到10 ℃左右时开始萌芽，而秋季降温至10 ℃左右时营养生长停止，因此葡萄栽培中把10 ℃称为生物学零度，10 ℃以上的温度称为有效温度。将葡萄从萌芽期至浆果完全成熟期内全部的日有效积温累加，即为该品种所要求的有效积温。一般情况下，极早熟品种有效积温需2 100～2 500 ℃，早熟品种需2 500～2 900 ℃，中熟品种需2 900～3 300℃，晚熟品种需3 300～3 700 ℃。若栽培区域有效积温不能满足栽培品种要求，将出现果实不能正常成熟、果实含酸量高、含糖量低、皮厚、品质差、新梢木质化程度低等现象，有效积温往往成为推断某品种在某地区能否进行经济栽培的关键性指标，在进行品种区域化种植时应着重考虑。

正常通过葡萄各物候期都要求一定的最适温度：芽眼萌发温度为10～12 ℃，新梢迅速生长的温度为28～30 ℃，开花期要求15 ℃以上，浆果生长期温度不低于20 ℃，浆果成熟期温度不低于17 ℃；最热月（7月）的平均气温不应低于18 ℃。生长期间的低温和高温都会对葡萄造成伤害，开花期遇到14 ℃以下低温会引起受精不良，子房大量脱落；35 ℃以上的持续高温会产生日灼。

葡萄在年发育周期中需要有一个低温期，主要是在秋季到生长结束的越冬准备时期，此阶段的气温不宜高于12 ℃，并要求逐渐下降，这是植株能否通过休眠的关键时期。而我国北部地区常受大陆性气候影响，寒流袭击频繁，影响正常的越冬锻炼，从而使葡萄抗寒能力下降，引起葡萄芽眼或其他组织受冻。

（二）光照

光是植物光合作用的第一要素。葡萄为喜光树种，对光照变化比较敏感。光照直接影响葡萄营养生长、开花坐果与果实发育。

在光照充足的条件下，叶片厚而颜色深，植株生长健壮，花芽分化良好，果实产量高且品质好。光照不足时，葡萄新梢生长纤细，节间长，叶片薄，光合能力弱，营养不足，不能正常成熟，树体内贮藏营养少，易遭受冻害，冬芽不充实，易出现“瞎眼”，甚至全株死亡。同时，光照不足亦影响葡萄果实发育，尤其是浆果成熟期光照不足或果实着生部位光照不足时，果实成熟慢，着色不良，含糖量降低，可滴定酸含量增加，品质下降。因此，选择园地时应选择光照充足的地块，并确定合理的栽植形式，以保证最大限度地合理利用光能。但强烈的光照在某些情况下，可能会造成果实日灼，尤其是在夏季高温、水分供应不足时易发生。

栽培技术措施在一定程度上可以改善葡萄园光照情况，如选择适宜的栽植密度、架式、整形修剪技术以及合理的肥、水管理等。较高的种植密度可均匀地覆盖地表，吸收更多的光能，但植株的长势较弱。南北行向可以接受更多的光能，绑缚可使叶幕层通风透光，有利光合作用进行。

（三）水分

水既是植物生存的重要因子，又是组成植物体的重要成分。葡萄的一切生理活动都是在水的参与下进行的。

葡萄对水分需求最多的时期是在新梢生长期，即需水临界期，花期需水量减少，在幼果膨大期又逐渐增多。葡萄浆果第一个生长高峰的后半期和第二个生长高峰的前半期需水较多，而浆果成熟前一个月和新梢停长期需水较少。因此，葡萄采收前一个月的降水量不宜过多，否则容易感病，葡萄的风味变淡。

葡萄有强大的根系，是比较耐旱的果树，但土壤过度干旱缺水对葡萄的生长和结果不利，常造成枝叶生长量小、落花落果严重、

果个小、产量低、品质差，甚至造成植株死亡。土壤水分充足有利于葡萄萌芽整齐、新梢生长和浆果膨大等，是葡萄丰产的前提条件之一，因此，高标准葡萄园建立时应有灌溉条件。

水分过多对葡萄生长结果也不利，会造成植株徒长、通风透光不良、浆果品质差、树体贮藏养分少、枝蔓成熟度低、越冬性差。近年来研究结果表明，适度控制水分供应、采用调亏灌溉（RDI）和局部灌溉（PRD）等措施，利用适度的水分胁迫可起到控制葡萄营养生长，提高浆果品质，节约灌水，减少劳动力投入等功效。

水分条件的剧烈变化也会对葡萄产生不利影响。如果在长期下雨后，突然出现炎热干燥的天气，可能造成叶片干枯和脱落，新梢嫩尖萎蔫和部分干枯。相反，在长期干旱后，突然大量降雨，则常常引起裂果。

一般认为在温和的气候条件下，年降水量600～800毫米较适合葡萄生长发育。在我国北部的大多数葡萄产区，年降水量的数值虽比较合适，但全年降水分布情况很不理想，春季干旱，7、8、9月雨水集中，易造成病害尤其霜霉病严重，对葡萄的成熟和浆果品质带来不利影响。南方一些栽培区花期阴雨天多，影响葡萄坐果。为了生产出高品质的葡萄，在我国特定的气候条件下，根据不同生长发育时期对水分的要求，通过人为灌水和排水以调节和控制葡萄的水分供应，成为葡萄生产中不可忽视的措施。

（四）土壤

葡萄对土壤的适应性很强，除极黏重的土壤、沼泽地和重盐碱地不宜栽培外，其余各种类型土壤均能栽培葡萄，即使不宜种植大田作物的土地，如沙荒地、河滩地、盐碱地和山石坡地等，也能成功种植葡萄，这主要是因为葡萄具有发达且吸收力很强的根系。

土层越厚，土壤积累水分的能力越强，则用于吸收养分的葡萄根系的体积越大。葡萄园的土层厚度一般以80厘米以上为宜，在一些土层瘠薄的山坡地，可以通过修筑梯田和客土，创造较好的根系生长环境。

土壤结构影响土壤的水、气、热状况。不同类型土壤理化性状差别较大，对葡萄的生长、结果有所影响。一般要求葡萄园土壤疏松、通气良好、肥力较好、保肥保水能力较强。沙质土壤的通透性强，夏季辐射强，土壤温差大，种出的葡萄含糖量较高，风味好，但土壤有机质缺乏，保水保肥能力差。壤土的保水保肥能力较强，葡萄产量高。黏土的通透性差，易板结，葡萄根系浅、生长弱、结果差，有时产量虽高，但品质较差，一般应避免在重黏土上种植葡萄。在砾石土壤上可以生产优质的葡萄，如新疆吐鲁番盆地的砾质戈壁土（石砾和沙子达80%以上），经过改良后，葡萄生长很好；在河北昌黎凤凰山、山东平度大泽山等一些山石坡地上采用换土改良措施，种植葡萄也很成功。

地下水位高低对土壤湿度有影响，地下水位很低的土壤蓄水能力较差；地下水位很高的土壤影响通气，不适合种植葡萄。比较适宜的地下水位应在地面1.5米以下；排水良好的情况下，在地下水位离地面0.7米的土壤上，葡萄也能良好生长和结果。

土壤中的化学成分对葡萄植株营养有很大影响。由于化学组成的不同，土壤具有不同的酸碱度（pH）。一般在pH为6.5～7.5的微酸性或微碱性土壤中，葡萄生长结果较好；在酸性过大（pH低于5.0）的土壤中，明显生长不良；土壤碱性过强（pH高于8.5），葡萄易出现黄叶病。因此，酸碱度不适的土壤需经过改良后才能种植葡萄。

土壤中的矿物质，主要是氮、磷、钾、钙、镁、铁及硼、锌、锰等，均是葡萄生长和结果所需的重要营养元素，这些元素以无机盐的形态存在于土壤溶液中时才能为根系吸收利用。此外，在土壤溶液中还存在一些对植物有害的盐分，包括碳酸钠、硫酸钠、氯化钠及氯化镁等，这些盐分积累的数量决定土壤盐碱化的程度。葡萄属于较抗盐的植物，所植的土壤含盐量低于0.2%为宜，在苹果、梨等不能生长的地方，葡萄却能良好生长。当然，需要根据土壤含盐量的多少，采取相应的土壤改良措施。在我国的许多盐碱土壤地区，如西北的主要葡萄产区和山西文水、北京大兴及黄河故道等

地，都先后建成了大规模的葡萄园，果树生长、结果良好；天津市茶淀乡利用改良后的海边盐碱地发展玫瑰香葡萄产业，收到良好效益。

（五）地势

从我国几个葡萄产区葡萄栽培情况来看，一些有灌溉条件的丘陵地和沙石山地葡萄园比平原地的葡萄园表现出高产、稳产、品质优良的特点。没有灌溉条件，但水土保持较好的丘陵地和沙石山地也能获得较高产量，特别是品质方面，常较平地葡萄园好。世界上盛产葡萄的国家如法国和意大利等，这些国家的一些著名葡萄园也多是分布在山地和山坡上。

（六）灾害性天气

在葡萄栽培中，除了要考虑葡萄对适宜环境条件的要求，还必须注意避免和防范灾害性天气危害，如久旱、洪涝、严重的霜冻、酷寒以及大风、冰雹等，这些都可能对葡萄生产造成重大损失。例如，生长季的大风常吹折新梢、刮掉果穗，甚至吹毁葡萄架；冬季的大风会吹跑沙土、刮去积雪，加深土壤冻结深度；夏季的冰雹则常常砸伤枝叶、果穗，严重影响葡萄产量和品质，甚至绝产。因此，在建园时要考虑到某项灾害因素出现的频率和强度，合理选择园地，确定适宜的行向，营造防护林带，并做好其他相应的防护措施。

第四章 葡萄主要栽培技术

一、葡萄繁殖与育苗

葡萄的繁殖分为有性繁殖（实生繁殖）和无性繁殖（扦插、压条、嫁接、组织培养）两种方式。葡萄遗传背景复杂，播种繁殖的植株不能保持其母株的特性，个体间差异很大，故实生种子繁殖一般只在新品种选育时采用；生产上葡萄苗木的繁殖主要采用无性繁殖的方法，如扦插、压条和嫁接繁殖。

（一）扦插繁殖

扦插是将取自母株的一年生枝插于基质或土壤中，在适宜的条件下，使其生根，长成自根苗。由于大多数葡萄种和品种的枝蔓上都容易产生不定根，因此，扦插是最简单、有效的无性繁殖方法。硬枝扦插成活率高，我国葡萄育苗目前多以硬枝扦插的繁殖方法为主。

1. 硬枝扦插

（1）葡萄种条的采集和贮藏 结合冬季修剪，采集成熟度好、不带病毒、无病虫危害、无机械损伤、冬芽饱满、粗细适中的一年生枝条；剪除卷须、副梢后，剪成50厘米左右长的枝段；每50～100根捆成1捆；标明品种名称、采集地点和时间；在地势高、排水好的背阴处挖沟，埋入土堆或沙中贮藏，如有条件也可将枝条放

入凉爽、湿润的房间或在0℃左右的冷库内贮藏。

枝条贮藏期间需要保持合适的温、湿度。太干燥容易失水，湿度太大易发霉，甚至腐烂；温度过高，会使发芽提早。适宜的温度为不低于－3℃和不超过7℃，沙子湿度以50%～60%为宜，简易鉴别方法是将沙子用手握成团，指间不出水，手松开触之即散。贮藏过程中要定期检查，发现过干时喷水，过湿时翻动晾干；特别要注意早春气温回升后会因温度过高、湿度不足或太大造成烧芽或霉烂。

(2) 插条剪截　春季扦插前将贮藏的种条取出，要求枝条含水量在40%～50%为好，可先用清水冲洗一下，然后进行剪截。剪截时在顶芽上部0.5厘米处平剪，下端斜剪。一般插条留20厘米左右长度，带2～3个芽，顶芽充实饱满，节间长的品种每个插条上留1～2个芽。扦插后如第一芽眼受损害，第二芽眼即可萌发，这样有利于提高扦插成活率。

(3) 植物生长调节剂处理　用植物生长调节剂处理插条基部可以促进不定根发育，从而促进插条生根。常用的植物生长调节剂有IBA（吲哚丁酸）、NAA（萘乙酸）和ABT生根粉。

IBA在葡萄枝条内运转性较低，且活性不易被破坏，在被处理的插条基部可以长时间保持活性，生出的根也比较强壮。ABT生根粉是中国林业科学院研究和生产的系列促进生根的产品，其中葡萄插条用ABT生根粉2号处理较好，可显著提高生根率。

植物生长调节剂处理插条的方法可分为速蘸法和慢浸法。一般建议使用速蘸法，即将插条基部末端在较高浓度的植物生长调节剂NAA、IBA或ABT生根粉溶液（200～500毫克/升）中浸蘸3～5秒。该方法节省时间和设备，同时药剂吸入量受温、湿度的影响小，药液可重复使用。慢浸法即将插条基部3～5厘米浸入50～100毫克/升的NAA或ABT生根粉溶液中6～12小时，或在50～100毫克/升的IBA溶液中浸泡1～4小时。

(4) 催根　葡萄茎的不定根主要由中柱鞘与髓射线交接部位的细胞分裂产生，葡萄中柱鞘发达，极易发根，但插条还必须有充足的营养物质、适宜的环境条件作保障，才能有好的效果。在扦插繁殖中，由于插条发芽比发根更容易，因此，扦插繁殖的关键是在萌芽抽梢将插条中的养分耗尽之前，让插条尽快发出不定根，以保证养分吸收。因插条萌芽所需的温度为 10 ℃以上，而适宜不定根发生的温度为 20～25 ℃，春季田间气温回升快于地温，过早的萌芽不利于不定根的形成。为了促进扦插生根，提高扦插成活率，可对插条进行催根处理，使插条在露地扦插前就产生不定根的根原基或插条基部形成愈伤组织，扦插后发根和萌芽同时进行。

催根处理时应选用既保温、保湿，又通透良好的介质，一般采用锯末、蛭石或河沙等。催根方法主要采用加温催根，由于能源和加温方式的不同，具体催根方法很多，目前生产上常用的有火炕加温、电热线加温等。

①火炕加温。北方葡萄产区常用火炕或甘薯育苗炕进行葡萄催根。在炕上均匀铺 1 层 5～10 厘米厚的湿沙或湿锯末，插条直立排列整齐，在插条之间撒入湿沙或湿锯末，填满空隙，注意要露出上部的芽眼，使其与冷空气接触，以控制插条上部的芽眼萌发。也可将要催根的插条捆成小捆埋到湿沙或湿锯末中，然后喷水，使介质湿透。火炕加热宜用温度计插到插条基部位置随时观测温度，最初几天床温控制在 18～20 ℃，以后逐渐升高，使插条生根处温度保持在 25 ℃左右，一般经过 15 天左右即可看到插条基部形成一圈白色愈伤组织，皮层局部开裂，幼根从中柱鞘突破并露出皮层，而顶芽开始膨大尚未露绿，此时可停止加温，让插条在炕上锻炼 2～4 天，再取出扦插。

②电热线加温。在田间或室内建温床，床底部铺 5～10 厘米的草垫、谷糠或木屑，防止散热；再铺 10 厘米厚的湿沙，耙平拍实；铺上电热线；再在电热线上平铺 5 厘米厚湿沙。然后整齐直立插入插条，其余同火炕加温处理。电热温床通电时间长短依温度高低而定，如有条件最好安装控温仪，自动控制催根的最适温度，可节约用电，省去观察温度和开、关电的人力。一般经 15 天，可达到催根的目的，停电降温锻炼 2～4 天后即可进行扦插。

催好根的插条可以进行温室或大棚营养袋扦插育苗，也可以进行露地扦插育苗。

（5）设施营养袋扦插育苗　在设施条件下，采取保护措施，提供插条生根和幼苗生长的有利条件，可快速、大量地繁殖苗木，延长苗木生长期，培养壮苗，做到当年育苗，当年出土定植，使幼树提早结果（彩图 20）。

①扦插容器和基质准备。可选用营养土、河沙、蛭石、珍珠岩等基质单用，或以一定的比例搅拌均匀混合使用。用塑料薄膜或无纺布或报纸制成直径 5～8 厘米、长 10～12 厘米的小袋，塑料袋底留 1 个小孔。将营养袋装满配制好的基质并摁实后，整齐、紧密、竖直摆放在温室或大棚的育苗畦内，并在扦插前浇足水。

②种苗扦插与管理。经过催根处理，插条长出长 0.5 厘米左右白色的幼根或愈伤组织后，即可扦插到设施营养袋中，深度以顶芽刚露出土面为宜。经过催根处理的插条，催根不要过长，扦插时切忌损伤根系，影响成活率。插完后均匀喷水，使插条和土壤紧密结合。

扦插苗的管理主要是掌握和调节好设施内的温、湿度和营养袋的土壤湿度。前期由于温度低，蒸发量小，可隔 2～3 天喷 1 次水；后期随温度升高，蒸发量加大，可适当多给水。温度过高时遮阴或通风换气，使温度保持在 20 ℃以上，最好不超过 30 ℃，土壤温度保持在 15～20 ℃。光照过强容易将长出的幼叶或幼芽灼伤，要注意遮阴，避免阳光直接照射幼苗。幼苗生长期间养分不足时，可适时、适量喷 0.3%的尿素或 0.1%～0.2%的磷酸二氢钾等叶面肥。幼苗长出 3～5 片叶，经通风炼苗后，可将苗木移栽到苗圃或直接定植。

（6）苗圃露地扦插育苗　苗圃露地的扦插育苗时间应根据当地的气候条件而定，华北地区一般在 4 月上中旬进行。

具体方法见本书第五章　4 月葡萄的精细管理。

2. **绿枝扦插**　如使用当年生新梢作为插条进行扦插，则为绿枝扦插。绿枝扦插初期在幼根未发出前，需保证环境高湿度，一般需在温室或大棚等设施内进行，并采用喷雾装置进行间断喷雾，使嫩枝叶片的微域环境处于水分饱和状态，降低叶片水分蒸腾，使插条在烈日下不萎蔫、不灼伤，直至扦插的嫩枝长出新根，最终成活。由于绿枝扦插是在葡萄旺盛生长季采集种条，因此，资源丰富，快速方便，但对环境控制要求高。

（1）扦插时间 当葡萄母株上长出的新梢或副梢，达到半木质化时即可采条扦插。具体时间因不同地区的物候期不同而不同，一般在5月中下旬至6月下旬进行。

（2）育苗床准备 育苗应选择光照充足、排灌良好的地块，以透水保肥的沙壤土为宜。先做出苗床，也可根据条件做成一定大小的畦面，保持畦面中心稍高，然后用细河沙或蛭石作苗床基质，基质厚度20厘米左右，并安装好喷雾装置。

（3）插条采集与处理 最好选择天气晴朗的清晨，采集半木质化的新梢或副梢，捆成捆，迅速运往育苗基地进行剪截处理。将采集的嫩枝剪成2～3节的茎段，上端在节上留0.5厘米左右平剪，枝条基部约45°角斜剪。嫩枝顶部留1片叶，其余叶片去掉。剪好的插条基部在1 000毫克/升的NAA溶液中速蘸3～5秒，即可扦插。

（4）扦插 绿枝扦插一定要做到接穗新鲜，随采随运，随剪随蘸药、随扦插。如果绿枝插条细软，可先扎好孔再扦插。扦插后喷1遍0.1%多菌灵药液以防病。启用喷雾装置进行间断喷雾，10～30分钟喷1次，以降温、保湿。扦插后诱导生根期间，始终保持叶片湿润。插条在7天左右开始长出愈伤组织，两周生出新根（彩图21），然后适当控水，降低湿度，3周开始炼苗，4周左右开始移栽。由于在扦插生根阶段苗床长期处于高温、高湿状态，扦插苗易患病害，应注意每周喷1次0.1%多菌灵药液，对防病有较好效果。生出新根后，可结合喷雾进行叶面喷肥，促使扦插苗生长健壮。

（二）嫁接繁殖

葡萄嫁接是指将一个植株上的枝接到另一个植株的枝、干等部位，在适宜的条件下愈合并长成为新植株的技术（彩图22）。用于嫁接的一段枝条称为接穗，承接接穗的植株或枝干称为砧木，嫁接

可以保持接穗固有的生物学特性和果实的经济性状。葡萄嫁接繁殖主要应用于需要利用某种抗逆性砧木（如抗寒、抗根瘤蚜）、高接更换品种及加速繁殖稀有品种等情况。虽然嫁接繁殖成本高，但在有根瘤蚜危害的产区是必需的。我国基本属于无根瘤蚜地区，嫁接繁殖主要用于葡萄抗逆栽培，在东北地区，采用贝达、山葡萄为砧木嫁接葡萄品种以提高植株抗寒性；南方地区气候炎热，空气湿度大，土壤容易有淹水、涝害，多采用 SO4 作砧木。而国外葡萄生产多采用 5C 等砧木，以提高葡萄抗根瘤蚜等能力。

1. 嫁接成功的要求

①选取适宜的接穗。葡萄的嫁接繁殖可用硬枝嫁接或绿枝嫁接两种方法。硬枝嫁接的接穗多用一年生枝，枝条要生长健壮、成熟充实，无病虫害，芽不能萌发，接穗上端切口进行浸蜡处理，防止接穗失水。若采用绿枝嫁接，用新梢作为接穗，应于嫁接前摘除叶片，减少失水，提高成活率。

②接穗削面要平整光滑，最好一刀削成，有利于砧穗密接和形成层对齐，促进愈合。

③接口要绑紧，宜用塑料薄膜缠严整个接口，以防接穗失水和松动。

④接穗进入旺盛生长后，枝叶量大，易遭风折，可设支柱支撑。

2. **硬枝嫁接**　硬枝嫁接分为田间嫁接和室内嫁接两种。

（1）田间嫁接　又称就地嫁接，即先将砧木扦插、生根后定植于田间，然后进行品种嫁接。这种方式保证了砧木生根，同时可免去嫁接苗的运输，但愈伤组织的形成易受气候条件的影响，成活率不稳定。因此，田间嫁接主要用于温度较高的地区。此外，田间嫁接还用于高接换种或良种快繁。

（2）室内嫁接　在室内将接穗接在挖出的砧木苗或冬季贮藏的砧木枝条上，可以随嫁接随栽植，或嫁接后置于有利于愈伤组织形成的条件下，促进愈伤组织形成。待嫁接口愈合后栽植于苗圃，第二年春天起苗、定植于田间。如果嫁接后需贮藏一段时间再栽植，贮藏期间要保持湿度和 0～5 ℃的低温，务必保证苗木不要发芽。

国外葡萄育苗多采用室内嫁接，近年来我国大型苗圃场也在应用此种嫁接方法，室内嫁接还可利用嫁接机进行，节省人工，提高效率（彩图23）。

(3) 主要嫁接方法 劈接法和舌接法既可用于田间嫁接，也可用于室内嫁接；Ω嫁接法用于室内嫁接。

①劈接法。劈接是从砧木断面垂直劈开，在劈口插入接穗的嫁接方法。田间嫁接时通常在葡萄休眠期进行，最好在砧木芽开始膨大，树液已经流动时嫁接，成活率高。

尽量选择砧木和接穗的枝条粗度相近，接穗一般在饱满芽的上方1厘米处剪截，在芽的下方4～5厘米处平剪，然后将接穗芽下0.5～1.0厘米处的左右两侧向下各削长约3厘米的楔形削面，要求斜面平滑。

剪去砧木上部，削平断面。于砧木断面中心处垂直向下劈开，深度3～4厘米，基本与接穗削面相同。将削好的接穗至少一边形成层与砧木形成层对齐，插入砧木的切口，接穗削面在砧木劈口上露出1～2毫米（即露白）有利于愈伤组织形成；然后用塑料条将接口缠紧封严。

劈接的接穗削面较长，两个削面相同，且一侧比另一侧稍厚，削接穗的技术要求较高、难度较大，但接穗与砧木形成层接触面大，成活后接合部牢固。

②舌接法。砧木与接穗粗度大致相同，在接穗基部芽的同侧削一马耳形削面，长约3厘米，然后在削面尖端1/3处、与削面接近平行再切入一刀（注意不要垂直切入）；砧木同样切削。将两者削面插合在一起，如果砧穗两者粗度不一致，则插合时一边对齐。

由于舌接法砧木和接穗接触面多，且相互夹得紧，成活率高，故是葡萄室内嫁接常用的方法。

③Ω嫁接法。该法是目前嫁接机嫁接的常用方法。室内嫁接时，可以应用嫁接机来一次性削取接穗和砧木，并将二者对齐结合成一体，以节省劳力和时间，提高工作效率。其方法是将接穗和砧木切出相应互补的Ω形的切口，然后将它们镶嵌在一起，保持形

成层对齐。嫁接后接穗和接口立即蜡封，进行催根处理，然后扦插。该方法操作简单，成活率高。

3. **绿枝嫁接** 绿枝嫁接一般在5—6月葡萄枝蔓半木质化时进行，常用于改换葡萄品种。

具体方法见本书第五章 5月葡萄的精细管理。

（三）压条繁殖

压条是将葡萄母株的一年生枝蔓埋入土壤中，使其生根、发芽，长成新的植株后再分株的苗木繁殖方法。其优点是苗木生长期不脱离母体，养分充足，成苗率高，苗木质量好，结果期早。但繁殖速度慢，满足不了大面积栽培的需要，一般多用此法补植缺株、改变株行距、改换架式或更新老蔓（植株）等。压条只能在无根瘤蚜危害的产区使用。

压条时，将选定的枝蔓除顶端2个芽以外的所有芽去除，水平压入15～20厘米深的土壤中，枝蔓顶端在需要补缺的地方露出2个芽，并固定在支柱上。当幼苗新长的根系比较发达时，即可进行分株。

（四）组织培养繁殖

目前葡萄多用扦插繁殖和嫁接繁殖，但受新品种枝条引进数量的限制，在短时间内繁殖大量苗木、扩大栽培面积仍比较困难。可利用新兴的组织培养技术进行快速繁殖，即在无菌条件下，将葡萄新梢的茎尖分生组织或新梢带芽茎段，经消毒剂灭菌后在人工配制的培养基上培养，给予适当的环境条件，使其长出新梢和新根成为新的植株。该技术具有繁殖苗木遗传背景一致，生长周期短，繁殖率高，不受地理环境、季节的限制，周年生产等诸多优点。利用此技术对葡萄新品种进行快繁，可缩短苗木繁殖周期，加快优良新品种的推广应用，同时也是脱除葡萄病毒、培育无病毒苗木的有效途径。

（五）育苗圃管理及苗木出圃

1. **育苗圃管理** 葡萄扦插或嫁接后，育苗圃要保持适宜的土壤湿度，防止土壤干旱，但也不能浇水过多，否则影响土壤透气，还会降低地温，对材料生根不利。苗木生长期间要及时中耕除草，防治病虫害。为保证苗木生长健壮，可在苗木生根后，加强肥水管理，在6—7月苗木迅速生长期追施速效肥。视生长情况及时对主、副梢进行摘心，对嫁接苗要除去砧木长出的新梢。8月后，为使枝条充分成熟，应停止施肥浇水。

2. **苗木出圃**　苗木出圃在冬季落叶后进行，因嫁接口愈合组织不耐低温，嫁接苗要避免出圃太迟。

起苗时注意保护根系，按品种、行次顺序进行，以防混乱。苗木挖起后应对根系和新梢进行修剪，修剪后的苗木以适宜数量打捆，挂上品种标签（嫁接苗应分别注明接穗和砧木品种）。

为防止病虫传播蔓延，葡萄苗木应按照各地规定的检疫要求，认真检疫。凡属具有检疫对象的苗木都要严格处理，如发现根瘤蚜危害的苗木，应立即焚毁，育苗地改种其他作物。有些葡萄病虫害虽非检疫对象，但为保障苗木生长健壮和免于扩散传播，苗木修剪分级后应进行消毒。消毒在消毒池或消毒桶内进行，选用广谱农药杀灭某些越冬葡萄病害和虫害，如用3～5波美度的石硫合剂、100倍等量式波尔多液等浸苗（彩图24）。

经消毒的苗木即可包装外运出售或定植。计划翌年春季处理的苗木则需假植。在适宜地点挖好假植沟，将捆成捆的苗木排列在假植沟内，分次培土，每次培土需将苗木轻轻摇动，使根系与土壤充分接触，然后用脚踏实。假植期间应经常检查土壤湿度，防止土地干旱，避免假植沟积水，避免冻害发生。春暖后抓紧在萌芽前处理苗木，以免种植过晚，影响定植成活及生长。有条件的可以将苗木放在冷库中保存，温度控制在0～4℃，保持较高的空气相对湿度，防止苗木失水。

3. **苗木质量**　优质葡萄苗木的基本要求是品种纯正，砧木正确；地上部枝条成熟健壮、充实，有一定高度和粗度，芽饱满；根系发达，须根多、断根少；无病虫害和机械损伤；嫁接苗的接合部位愈合良好。

一级一年生自根苗标准：侧根直径在 0.33 厘米以上，且有 3 条以上的侧根；成熟枝蔓长度达 50 厘米以上；根颈直径在 0.35 厘米以上；具有 4～5 个饱满芽。

二、现代种植模式

（一）避雨栽培

1. 葡萄避雨栽培的意义　避雨栽培是近年来在我国葡萄生产上被人们逐渐认识并得以迅速发展的一种栽培模式（彩图 25），其基本做法就是在普通栽培架式上方，依行向建立拱棚骨架结构，然后将塑料薄膜覆盖在树冠顶部，使降雨时雨水不降落到植株上。它是介于无加温温室栽培和露地栽培之间的一种类型。采用避雨栽培后，因雨水不与葡萄植株直接接触，从而有效减轻甚至避免一些主要病害的发生。葡萄避雨栽培在我国经过 10 多年的实践，已显示出很多优越性，具体表现在以下几个方面。

（1）扩大葡萄品种栽培的地域范围，降低种植难度　品质优良的欧亚种葡萄不耐湿、不抗病，因此，我国南方地区一直被认为是欧亚种葡萄种植的禁区。20 世纪 90 年代以来，避雨栽培的成功应用推动了南方地区（上海、浙江等）欧亚种葡萄的种植发展，扩大了葡萄栽培的适宜区域和品种选择范围，品种结构得到调整，对调节南方果品市场、提高葡萄经济效益起到了积极作用。

河南、河北、山东、陕西等北方各省，虽然没有南方的多雨恶劣条件，但在葡萄果实生长发育的 7—8 月，同样处在温度高、雨量大的季节，避雨栽培可有效减轻病害，使北方发展欧亚种葡萄的难度降低。

（2）有效减轻病害，利于无公害生产　简易避雨栽培条件下，葡萄常见病害的发病率和病情指数均显著低于露地栽培。在生长季多雨地区，即使抗病性较差、容易裂果的品种，搭建避雨棚后，其病害、裂果现象也易得到有效控制。采用避雨栽培模式，一般田间喷药次数可减少 6～8 次，大大节约农资成本和用工成本，同时减少农药残留，有利于生产无公害果品，提高果实质量和安全性，在我国具有广阔应用前景。

（3）改善果实品质，提高可溶性固形物含量 我国北方多地降雨量集中在夏季，正值葡萄成熟期，不利于糖分积累；南方多湿生态条件下，露地栽培葡萄病害发生严重，产量低，品质差。葡萄避雨栽培可在一定程度上增加糖分积累，减轻裂果，改善品质。

福建省农业科学院果树研究所调查，避雨栽培的巨峰葡萄平均穗重、总糖、维生素C含量、可溶性固形物含量及糖酸比均高于露地栽培，总酸含量低于露地栽培。湖南省园艺研究所调查显示，刺葡萄避雨栽培条件下可溶性固形物含量可由露地栽培的10.6%提高至14.8%。

（4）提高劳动生产效率，提高经济效益 葡萄生产季中定梢、绑蔓、摘心、副梢处理、定穗、修穗等农事活动繁多，在避雨栽培的葡萄园雨天能继续工作，不误农事，利于做好各项管理，稳定葡萄产量和品质。由于销售收入增加、劳务投入降低以及病虫害防治等费用减少，葡萄种植园的经济效益大幅提高。

2. **南北方降水量分布及避雨栽培适宜区** 从避雨栽培角度，根据降水量多少将北方区划分为两个区域：一是降水量较多地区，有天津、山东、河北、黑龙江、辽宁、吉林、河南、陕西、北京，年均降水量500毫米以上；二是降水量较少地区，有山西、内蒙古、甘肃、宁夏、新疆和西藏等地，年均降水量500毫米以下。这两个区域降水主要集中在7、8月，易导致病害发生，影响葡萄生长发育。

根据气候类型将南方区划分为两大区域：一是中亚热带、北亚热带湿润区，年降水量1 000～1 500毫米；二是热带及南亚热带湿润区，年降水量1 500毫米以上。这两个区域集中降水期大多集中在4—9月，如遇降水量较大年份会严重影响葡萄开花、坐果及果实发育。

避雨栽培适用于葡萄生长发育过程中降水量多的地区，南方产区应用较多，有长江三角洲东部沿海产区——浙江、上海、江苏，

南部沿海产区——福建、广东、海南，中部内陆产区——湖南、江西、安徽、湖北，西部内陆高原产区——四川、重庆、贵州，西南部产区——云南、广西。在北方多雨区也得到一定发展，如山东、华北、东北及陕西等葡萄产区。

3. **葡萄避雨栽培适宜品种** 高温、多湿、病害及台风危害限制葡萄栽培品种的多样性，传统上栽培葡萄以抗逆性较强的欧美杂交种为主。采用避雨栽培后，可选用品质优异、上色好、耐贮运、市场前景好的欧亚种和欧美杂交种。

(1) 早熟品种 欧亚种：京秀、乍娜、矢富罗莎、维多利亚、奥古斯特、香妃、森田尼无核（无核白鸡心）、火焰无核。欧美杂交种：京亚、户太8号、无核早红、夏黑、金星无核。

(2) 中熟品种 欧亚种：玫瑰香、里扎马特、无核白。欧美杂交种：巨峰、黑奥林、京优。

(3) 晚熟品种 欧亚种：红地球（红提）、美人指、魏可、克瑞森无核、红宝石无核。欧美杂交种：巨玫瑰。

4. **避雨棚的建造** 简易避雨棚一般采用三横梁结构，也可采用三角形结构。主要包括立柱、脊梁、纵向拉丝、横梁、拱形材料和棚膜。

立柱一般高2.9米，地下0.6米，地上2.3米；于1.8米以上处建避雨棚，棚宽2.5～2.7米，棚高0.3～0.5米。立柱粗度可根据所在田间的不同位置而定，两头的端柱可采用10厘米×10厘米，中间的立柱可采用8厘米×8厘米，两柱之间距离6米左右。

脊梁一般可使用长而细的竹竿，当立柱间距较短时，也可以考虑采用较粗的镀锌钢丝等。

每一单架加两根横梁，离地1.4米处架第一根（0.6～1.0米长），离地1.8米处架第二根（1.2～1.6米长）。横梁可使用钢管或杂木条或毛竹等，毛竹比较耐用，且成本较低，安装在立柱的外侧。为提高避雨棚的牢固性，棚与棚之间的横梁也可以相互连通。每一单架有三层六道铁丝，第一层离地0.8～1.0米，双道（绕柱）；第二层、第三层铁丝分别固定在两个横梁两端，一般采用10

号铁丝。

拱形材料可使用毛竹拱片或镀锌钢丝。使用毛竹片时，毛竹片的长度应大于避雨棚弧面长度10厘米，每个毛竹片可在距边缘5厘米处钻1个小孔，用扎丝从孔中将毛竹片固定在纵向拉丝上。毛竹片间距一般保持在50～80厘米。选择毛竹片时，要注意表面光滑，防止损坏棚膜；使用镀锌钢丝时，可选用10～12号钢丝，间距一般50厘米，长度与捆绑方法同毛竹拱片，固定时可选用较细的扎丝。镀锌钢丝使用寿命长，折合年费用相对较低，而且外形美观，可优先考虑使用。

竹片或钢丝上覆膜，每50厘米用一压膜线（可用机用包装带代替），膜的宽度以盖至棚边或稍宽为宜。

5. 避雨棚棚膜选择及管理 棚膜按树脂原料可分为聚氯乙烯（PVC）棚膜、聚乙烯（PE）棚膜、醋酸乙烯（EVA）棚膜和调光性棚膜；按性能特点可分为普通棚膜、长寿棚膜、无滴棚膜、长寿无滴棚膜、漫反射棚膜、复合多功能棚膜等。根据避雨要求，棚膜要牢固、耐用、无滴、透光好，建议避雨棚膜使用耐老化无滴膜，白色、蓝色、淡黄色均可。保温不作为指标要求。

从葡萄开花前覆膜，到葡萄采收后揭膜。要经常检查避雨棚，尤其是大风和大雨前后，要加固避雨棚和检查毛竹拱片、棚膜及压膜带等，发现损坏及时修补或更换。

6. 避雨栽培科学施肥 避雨栽培较露地栽培的肥料利用率高，叶片光合产物相对减少，施肥主要是膨果肥和着色肥，推迟揭膜时还应施用采果肥，应根据这些特点和生产优质果的要求，进行科学施肥。要特别注意以下3项施肥技术。

（1）避雨期膨果肥和着色肥的施用 施用量应比同品种露地栽培减少5%～10%。膨果肥氮、磷、钾肥配合施用，着色肥以磷、钾肥为主。施肥种类及施用量要通过实践按优质栽培的要求确定。施肥后必须及时供水，利于葡萄根系吸收肥料养分，供水量根据葡萄园土壤含水量确定。

（2）重视叶面肥及微量元素肥料的施用 避雨栽培条件下，葡

萄叶幕层光照减弱，叶片薄弱、叶色较淡，通过叶面施肥，可增厚叶片，加深叶色。叶面施肥的操作为：将肥料配成水溶液后喷施在叶面上，通过叶片表（背）面气孔和角质层透入叶内，肥料被吸收利用。一般从新梢长到 20 厘米到 8 月期间进行叶面施肥，最后一次施用应距采收前 20 天以上。选择无风或微风的多云或阴天喷施，晴天应在晨露干后至上午 10 时前或下午 4 时后喷施。各地可根据试验效果来选择不同种类的叶面肥，如爱多收、金邦 1 号、植宝 18、惠满丰、植物动力 2003、802 广增素、真菌肥王、绿芬威 1 号、绿芬威 2 号、绿芬威 3 号、敖绿牌营养液等。各种叶面肥交替施用，施用浓度按叶面肥的施用浓度要求施用。

葡萄缺乏微量元素主要表现为缺乏硼、锌、铁、锰等元素。一般土壤中微量元素的含量能满足葡萄供给，但出现缺素症状时，要及时根外追肥，不出现缺素症状，则不施用。

(3) 农家肥和化肥的施用　农家肥一般在果实采收后进行沟施，即在距树干 30～40 厘米外挖沟，深 30～40 厘米、宽 20～40 厘米，施肥后覆土浇水。优质农家肥施用量一般为每亩* 3 000～5 000 千克，具体根据当地品种、土壤等情况确定。

在施有机肥的基础上，每年追施 3～4 次化肥，分别在发芽前、抽枝和开花前、果实膨大期和果实着色初期追施，施肥后及时灌水。以施用氮、磷、钾复合肥为主，前期以氮肥为主，后期以磷、钾肥为主，配施磷化肥和硫酸钾，使氮、磷、钾的比例达到 1∶0.8∶1.1。

7. 避雨栽培水分管理　避雨栽培中，如果采用连栋式避雨棚，雨水直接排出葡萄园，不能被植株利用，需要灌溉来满足葡萄生长、结实对水分的需求。如果采用单行的简易避雨棚，雨水可由避雨棚上流下，进入行间，供葡萄利用。实际生产中，要根据葡萄品种对水分的需求、降水情况及土壤含水量，在葡萄生长期及时供水。

灌溉时期有 5 次：一是萌芽期进行浇水，使根系周围土壤中有充足的水分，促使葡萄萌芽整齐；二是新梢生长早期，当新梢已生

---

* 亩为非法定计量单位，1 亩≈667 米^2。余后同。——编者注

长到10厘米以上时，可以进行大水灌溉，加速新梢生长和花器官的发育，增大叶面积，增强光合作用，提供较多的碳水化合物，促进花器官充实，为开花坐果打好基础；三是幼果膨大期，每隔20～25天浇1次水，如降水较多可以不浇或少浇；四是果实采收后，结合施基肥进行浇水；五是休眠期，浇1次封冻水，保证葡萄安全越冬。果实着色期需水量少，水多则品质下降，此期需防止畦沟积水，及时排水。

8. 避雨栽培病虫害防治 避雨栽培在降水多的地区应用较多，葡萄霜霉病、炭疽病、白粉病及黑痘病在避雨条件下其危害会减轻；葡萄灰霉病、白腐病及酸腐病在避雨条件下其危害仍较为严重，尤其是在多雨水年份；蚧类、螨类、叶蝉和蓟马在避雨条件下有加重危害趋势。

葡萄霜霉病、炭疽病、白粉病、灰霉病、白腐病等病原菌及虫体主要潜伏在病枝（蔓）、病叶、病果和老树皮上越冬。秋、冬季认真清园，及时扫除落叶，清除残果、残袋、病虫枝，剥掉老树皮、刮出根瘤及削除路边杂草可预防病虫害发生；也可在芽眼萌动前喷施3波美度石硫合剂，开花后喷施0.3～0.5波美度石硫合剂进行预防。

对于危害严重的病虫害可根据发生特点进行防治。灰霉病在低温阴雨条件下发生较重，预防该病害的主要技术措施是保持架面通风透光，降低湿度；药剂防治可使用50%异菌脲可湿性粉剂750～1 000倍液、43%腐霉利悬浮剂600～1 000倍液等。

葡萄白腐病在降水量大时危害严重，预防该病的主要措施是采用地膜覆盖加药剂防治，药剂可使用5%亚胺唑可湿性粉剂600～800倍液、嘧菌酯（250克/升）悬浮剂830～1 250倍液等。

葡萄酸腐病主要是果实表皮受到损坏（裂果、鸟害、葡萄白腐病、葡萄炭疽病等引起）、醋酸菌感染发酵和醋蝇传播等综合作用的结果。防治关键在于控制裂果、鸟害、葡萄白腐病和炭疽病的发生，其次是使用铜制剂杀灭醋酸菌以及用杀虫剂杀灭醋蝇。

（二）限根栽培

限根栽培是利用物理或生态的方式把葡萄根系限制在一定介质

或空间中，控制根系所占体积，改变根系分布与结构，利用可控的施肥和灌溉量来调节根系类型与数量，优化根系功能，进而通过控制根系生长来调节整个植株生长发育，从而实现优质、高效生产的一种栽培模式。限根栽培增加了施肥的目的性和可控性，可精确灌水，节药节水，降低成本，有利实现肥水供给的自动化和精确定量化，具有肥水高效利用、果实品质显著提高和树体生长调控便利的显著优点，在提高果实品质、节水栽培、有机栽培、观光果园建设、山地及滩涂利用和数字农业、高效农业等诸多方面都有重要的应用价值。

限根栽培技术的方式包括：垄式栽培、箱筐式栽培和坑式栽培。

1. **垄式栽培** 垄式栽培是指在地面上铺垫微孔无纺布或微微隆起（防止积水）的塑料膜后，再在其上堆积富含有机质的营养土呈土垄或土堆状，在垄上栽植葡萄。由于土垄的四周表面暴露在空气中，底面又有隔离膜，根系只能在垄内生长。这一方式操作简便，适合冬季没有土壤结冻的温暖地域应用，但是夏季根域土壤水分、温度稳定性较差。

2. **箱筐式栽培** 箱筐式栽培是指在一定容积的箱筐或盆桶内填充营养土，将葡萄种植于其中。由于箱筐易于移动，适合在设施栽培条件下应用。缺点仍然是根域水分、温度不稳定，树体对低温的抵御能力较差。

3. **坑式栽培** 坑式栽培是指在地面以下挖出一定容积的坑，在坑的四壁及底部铺垫微孔无纺布等可以透水但根系不能穿透的隔膜材料，内填营养土后植树于其中。坑式根域的水分、温度变幅小，可节约灌溉用水，并可在冬季寒冷的北方地域应用。

（三）设施栽培

葡萄设施栽培是通过人为创造一种特殊的葡萄栽培环境，从而提早或延迟葡萄的成熟采收时期，或达到某种特定栽培目的的一种栽培模式。目前葡萄设施栽培生产基本上以促成栽培模式为主，有日光温室、塑料大棚、小拱棚等多种栽培形式。与普通露地生产不同的关键点包括设施内温、湿度管理，人工打破休眠技术等。

1. 设施内温度管理 在葡萄通过自然休眠后即可开始升温促芽。一般在升温前地面要灌透水，覆盖地膜，然后升温。棚内温度应逐渐提高，发芽前白天温度 15～18 ℃，夜间 5～6 ℃；发芽至开花前白天 18～20 ℃，夜间 6～7 ℃；花期温度稍高，白天 25～28 ℃，夜间 8～10 ℃；落花至果实膨大期白天 25～30 ℃，夜间 15～18 ℃；果实着色至采收期白天不高于 30 ℃，夜间 15 ℃以下，较大的昼夜温差有利促进果实着色和糖分积累。

2. 设施内湿度管理 自覆盖地膜至发芽，棚内空气相对湿度应控制在 90%以上，发芽至花期前控制在 60%～70%，花期至果实膨大期控制在 50%～60%，果实着色至采收期以 50%为宜。土壤湿度方面，自扣棚至采收应保持田间最大持水量的 60%～80%。不同物候期中，以萌芽期和果实膨大期需水量较大，宜控制在田间最大持水量的 70%～80%范围，果实生长发育过程中应尽量避免土壤含水量变化幅度过大，防止产生裂果。

3. 人工打破休眠技术 在自然升温的条件下，一般 20 天左右葡萄即可开始发芽。但若自然休眠打破程度不一，易造成发芽不整齐，甚至有的植株在提温后 50 天左右才开始发芽。采用石灰氮打破休眠技术，可促使发芽整齐。在葡萄大棚开始升温后，即可配制 20%的石灰氮水溶液（1 千克石灰氮加 4 千克热水，搅拌混合 2 小时以上，并加适量展着剂），用小毛刷蘸取适量，均匀地涂在结果母枝的芽眼处，20 天后，涂抹石灰氮的芽眼即可开始萌发。

4. 萌芽后的管理 应用石灰氮催芽后，可同时萌发许多冬芽，应根据其花穗分化质量和栽植密度选留结果蔓，使其均匀合理地分布于架面，抹掉多余的芽以减少养分消耗。

三、整形与修剪

在自然状态下，葡萄长势很强，枝蔓密布，营养生长消耗大量养分，结果少，产量低，由于生长极性而向上发展，下部秃裸，浪

费空间。葡萄整形就是通过修剪以及绑缚等措施使葡萄植株具有一定的形状。修剪就是通过去除或短截葡萄的新梢、枝条或果穗等，使植株在预定的空间内生长，保持一定树形，枝蔓均匀分布，通风透光良好；并控制芽或新梢的数量，养分供应集中，调节和平衡植株的产量和长势，利于丰产、稳产、优质；减少病虫危害，减缓衰老，也便于田间管理，增加经济效益。因此，整形修剪是葡萄栽培中的一项重要技术措施。

（一）整形修剪的原则

1. 不同生物学年龄的植株修剪目的不同 对幼树的整形修剪，主要是扩大树冠，促进早日成形与结果，宜轻剪。盛果期树主要通过修剪保持健壮树势，平衡生长与结果的关系。对衰老植株，应着重更新修剪，恢复树势，延长结果年限。

2. 根据葡萄品种的生物学特性进行修剪 生长势较强的品种，着生优质芽的部位一般较高，宜长梢修剪，以获得较高的结果枝率。结果枝率较高的品种，为避免负载量过大，可行中、短梢修剪。

3. 根据树势和枝条质量采用不同的修剪方法 强树轻剪，弱树重剪；强枝长放，弱枝短剪；结果母枝和延长枝要适当轻剪，预备枝要短剪；主梢花芽形成不良的，可利用副梢作结果母枝修剪。

4. 根据架式修剪 篱架一般采用短、中、长梢混合修剪，棚架多用中、长梢修剪。

（二）葡萄架式

葡萄的枝蔓柔软，需设立支架使植株保持一定的树形，枝叶合理分布，改善通风透光条件，便于田间操作。架式、树形与修剪三者之间相互联系，一定的架式要求一定的树形，而一定的树形又要求通过一定的修剪来完成，三者必须相互协调，才能取得良好效果。葡萄的架式多种多样，目前生产上常用篱架和棚架。

1. **篱架** 架面与地面垂直，沿行向每隔一定距离设立支柱，支柱上拉铁丝，形状类似篱笆，称为篱架或立架，为目前国内外应用最广泛的架式，可分为以下3种类型。

(1) 单壁篱架（简称单篱架） 每行设1个架面，高度一般为1.0～2.0米，依行距而定。如1.5米的行距，适合架高1.2～1.5米；行距2米时，架高1.5～1.8米；行距3米以上时，架高2.0～2.2米。行内每隔4～6米设1个立柱，柱上每隔45～50厘米拉1道铁丝，将枝蔓固定在铁丝上（图4-1）。单篱架通风透光条件好，有利于提高浆果品质；田间操作管理方便，利于机械化作业；适于密植，能达到早期丰产。但由于葡萄枝蔓生长很快，若管理跟不上，容易造成长势过旺，枝叶郁闭，结果部位上移，这种架式不适于生长势旺的品种。另外，对于欧亚种葡萄，如果结果部位低，下部果穗距地面较近，果面很易污染和发生病虫害。

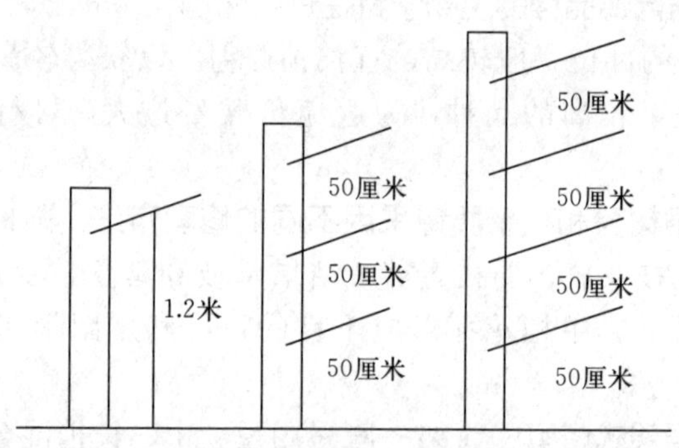

图4-1 单壁篱架示意图

(2) 双壁篱架（简称双篱架） 该架式适用于多主蔓扇形。沿行向设立比较靠近的两排单篱架，葡萄栽在中间，植株的枝蔓平分为两部分，分别引缚于两边篱架的铁丝上。该架式在肥水条件和管理较好的园地比较适宜。双篱架行距要比单篱架大，立柱和铁丝位置设计基本与单篱架相同。双篱架的架高一般为1.5～2.2米，架柱向外倾斜，两壁呈梯形，上宽下窄，基部间距为0.5～0.8米，顶部间距为1.0～1.2米（图4-2）。双篱架可有效利用空间，架

面增加1倍，结果枝量增加，可丰产和高产。但由于通风透光不良，果实品质不及单篱架，田间操作管理、机械化作业均不方便，架材用量增加，成本较高。目前，双篱架栽培方式应用逐渐减少。

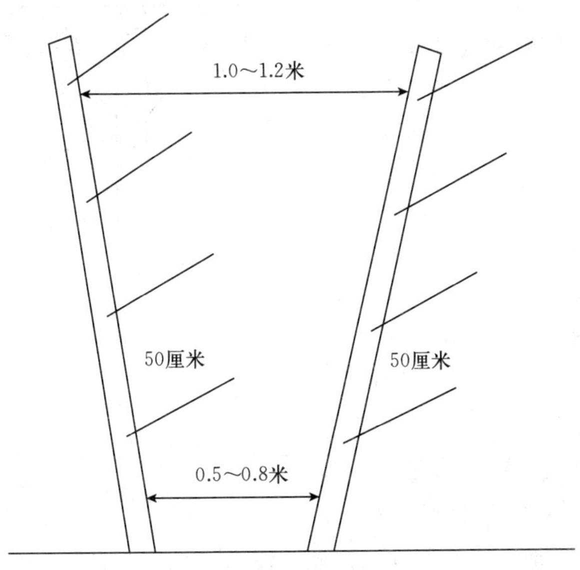

图 4-2 双壁篱架示意图

(3) 宽顶篱架 在单篱架支柱的顶部加横梁，呈T形，又称T形架。架高1.8～2.0米，立柱上间距50厘米左右拉2～3道铁丝，横梁宽0.6～1.0米，横拉4道铁丝，其下左右两边设支架与立柱连接，可加固横梁（图4-3）。宽顶篱架适合生长势较强的品种，双臂龙干形整枝时龙干的双臂分布在篱架铁丝上，其上结果母枝长出的新梢引缚在横梁的铁丝上，然后自然下垂生长。宽顶篱架的高矮、宽窄可以因葡萄品种和生长势的不同而变化。此种架式通风透光好，病虫害轻，较单篱架产量高，还可缓和树势，保持稳产，适于机械化管理，是一种丰产、优质的架式，在美国非常流行，我国部分地区已有应用。

2. 棚架 在垂直的立柱上架设横梁，横梁上牵引铁丝，形成一个与地面平行或稍倾斜的棚面，葡萄枝蔓分布在棚面上，称为棚架。实际生产中棚架的形式多种多样，常见倾斜式大棚架、倾斜式小棚架、棚篱架等。

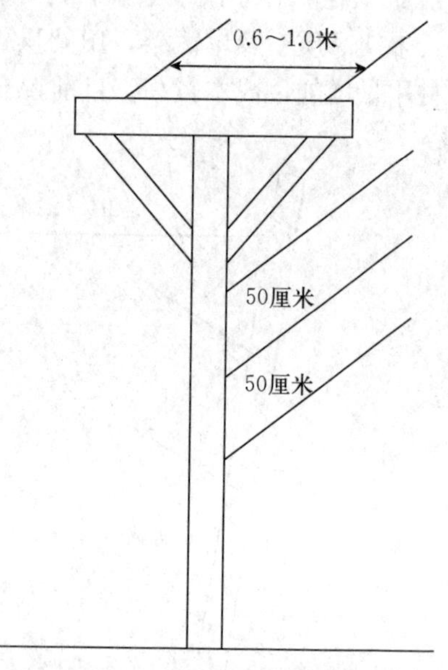

图 4-3 宽顶篱架示意图

(1) 倾斜式大棚架 架长 6 米以上，一般架长 8～15 米。在我国葡萄老产区和庭院栽培中应用较多，河北昌黎、山东平度、辽宁金州区、天津蓟州区等地均有应用。这种架式的特点是架根（后部）高 1.0～1.5 米，架梢（前部）高 2.0～2.5 米，顺行向方向每隔 0.5 米左右拉 1 道铁丝，组成倾斜的大棚架架面，由地面到架根顶端每间隔 0.5 米拉 1 道铁丝，组成篱架面（图 4-4）。这种架式既适合平地、庭院，又适宜山地复杂条件，可以充分利用土地。但此架式树形成形慢，进入盛果期较迟，如果管理技术跟不上，结果部位容易前移，影响单位面积产量。此外由于枝蔓过长，不便于埋土防寒，因此，这种架式在南方生长期长、雨水多、葡萄生长旺的地区应用较多。目前，随着葡萄品种更新速度加快，新品种优势期越来越短，生产上趋向于应用成形快、早丰产、易管理的架式，该架式在北方防寒地区应用逐渐减少。

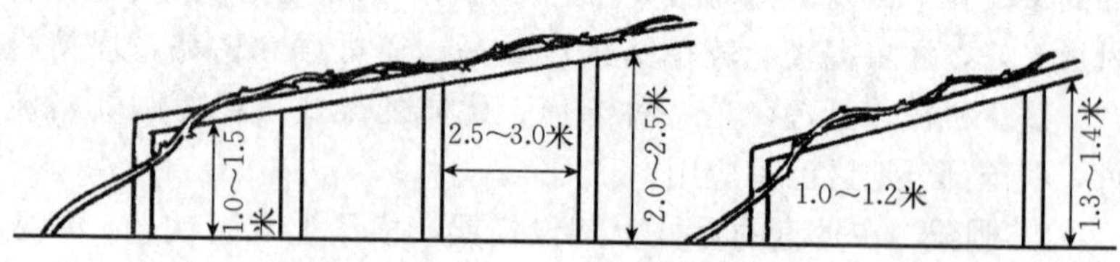

图 4-4 倾斜式大棚架（左）与倾斜式小棚架（右）示意图

(2) 倾斜式小棚架 其形式基本同于倾斜式大棚架，只是架面较短，一般为4～6米（图4-4)。该架式在辽宁大连、新疆吐鲁番和浙江等地应用较多。此种架式适合大多数葡萄品种，进入结果期较早，树势和结果部位容易控制，利于高产、稳产；通风透光条件好，果实品质好；枝蔓上、下架容易，便于埋土防寒。

(3) 棚篱架 该架式实质上是小棚架的一种变形，主要区别在于靠近架根外的棚面稍有提高，相应地增加了一定的篱架架面。该架式兼有篱架和棚架两种架面，能够充分利用空间，达到立体结果，单位面积产量较高。同时因棚架面加高，在架下进行各项操作较方便。但这种架式不易平衡架面前后树势，棚架造成的遮阴往往使篱架部分获得的光照不足，靠近篱架下部的枝组容易转弱而逐渐趋于衰亡。

(三) 葡萄整形

葡萄整形的目的在于使植株充分而有效地利用光能，实现高产、稳产、优质，同时便于耕作、病虫防治、采收等操作，以减少劳动力投入，提高效率。目前葡萄的树形多种多样，整形方法也就随之变化。

1. 水平单龙干直立叶幕（“厂”字形） 南北行种植，株距0.7～1.5米，埋土防寒地区行距2.5～3.0米，不需要埋土防寒地区行距1.5～2.5米。树形结构为1个倾斜（需下架埋土防寒）或垂直（无须下架埋土防寒）的主干，干高约60厘米；1个单臂主蔓由北向南弯曲，主蔓上每隔20～25厘米均匀分布结果枝组，整体树形呈“厂”字形（图4-5)。

定植当年，在主干要求高度处冬剪定干，选择主干顶端1个壮芽萌发的新梢，水平绑缚在铁丝上，形成该树形的龙干，即主蔓。主蔓上始终保持一定数量的结果枝组，新梢垂直向上绑缚在架面上。

2. 水平单龙干V形叶幕（V形） 树形与“厂”字形相似，但在主蔓上新梢分左右、向斜上方引缚，形成V形叶幕。

南北行向种植，株距1.0～1.5米，行距2.5～4.0米（根据机械化程度确定)。支柱顶端架 1 根 1.5～1.7 米的长横梁，距离地面 80 厘米处拉第一道铁丝，在长横梁与第一道钢丝中间再架 1 根 0.8～0.9 米长的短横梁，两个横梁的两端各拉 1 道铁丝。整个架面共有 3 层 5 道铁丝，构成 V 形架（图 4-6）。

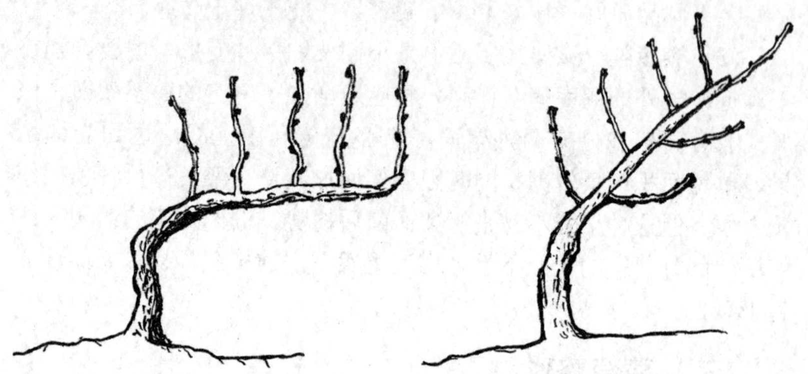

图 4-5　葡萄水平单龙干直立叶幕（“厂”字形）示意图　　图 4-6　葡萄水平单龙干 V 形叶幕（V 形）示意图

苗木定植后选留 1 个壮梢，呈一定角度斜向固定在第一道铁丝上，使其单向顺铁丝水平生长，培养为主蔓。主蔓上每隔 15～20 厘米均匀分布结果枝组。

3. 水平双臂龙干形（T 形）　多适用于南方不需埋土防寒地区。该树形枝条定位、定向、定型生长。树形简单，适于机械化操作。

南北行种植，株距 1.5～2.5 米，行距 2.5～3.0 米。主干高度 1.4～1.5 米，顶端配置两个与主干垂直、对生、沿行向生长的主蔓。主蔓上直接着生结果母枝，间距约 10 厘米。每个结果母枝选留 1 个新梢，每个新梢留 1 穗果（图 4-7）。

葡萄苗定植发芽后，选留 1 个新梢，立支架垂直牵引，抹除高度 1.5 米以下的所有副梢，待新梢高度超过 1.5 米时，摘心。从摘心以下所抽生的副梢中选择 2 个副梢相向水平牵引，培育成主蔓。主蔓保持不摘心的状态持续生长，直至与临株对接后再摘心。

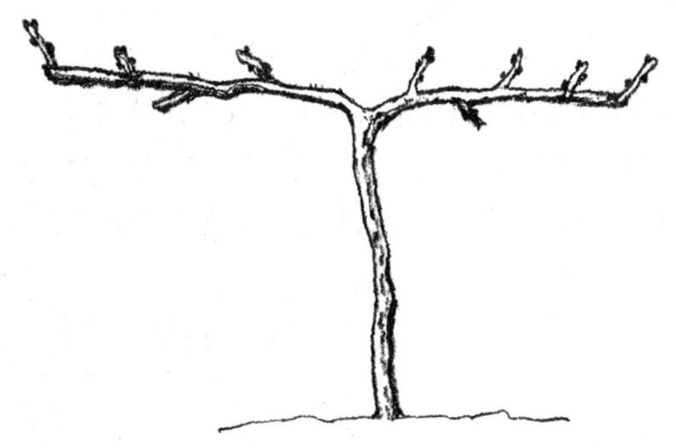

图 4－7 葡萄水平双臂龙干形（T 形）示意图

4. H 形树形 行距 6 米左右，由 1 个主干、2 个主蔓和 4 个侧蔓构成 H 形，侧蔓上配置结果母枝。主干高度与架高相等，架面用钢丝拉成网格状，纵向铁丝间距 1 米，横向铁丝间距 20～25 厘米。架面成形后，新梢和结果部位固定、分布均匀，管理一致。由于修剪方式统一，技术简单易操作，标准化生产程度高，特别是在劳动力成本日益上涨的形势下，具有省工的特点，近几年，葡萄 H 形树形在国内日益受到欢迎。

主干培养同 T 字形。当葡萄主干长到 1.8～2.0 米时摘心，从主干上部选留两个一级副梢向行间水平牵引培养成两个中心主蔓，长度超过 1 米后保留 90～100 厘米摘心，选取摘心口下萌发的两个二级副梢，与行向平行牵引，培养成 4 个平行侧蔓，呈 H 树形。侧蔓上间隔 15～20 厘米留 1 个结果母枝，相邻结果母枝相对引缚生长（图 4－8）。

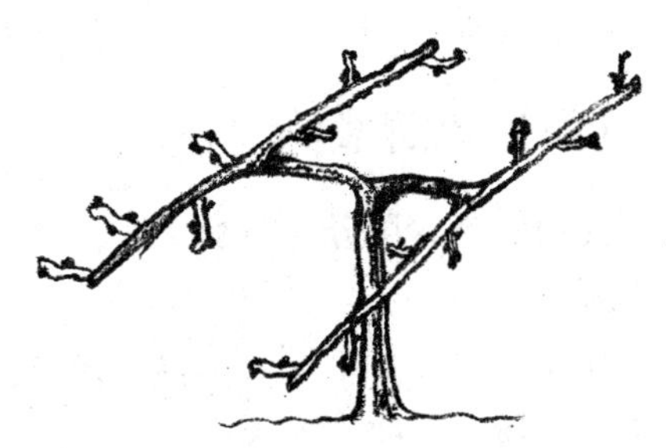

图 4－8 葡萄 H 形树形示意图

5. 单十字“飞鸟架”树形 1 个主干，1 个主蔓，主蔓上配置结果母枝。该树形适用于南方葡萄不需埋土防寒的地区。定植当年成形，翌年结果，结果部位集中，树形简单，便于管理。

南北行向，株距1.5～2.0米，行距2.5～2.8米，由立柱、1根横梁和5条铁丝组成。距地面1.2～1.4米拉第一道铁丝，其上方20～30厘米处为横梁，长度为1.5～1.7米，横梁两侧每隔35厘米左右拉1道铁丝，共拉4道铁丝。若搭避雨棚，横梁上方30厘米处为棚架，棚横梁2米，棚高40厘米。

葡萄苗定植发芽，留1个健壮新梢，新梢1.2～1.4米时摘心，形成主干，保留顶端壮芽，使其生长成主蔓，主蔓上着生结果母枝（蔓），间距保持15～20厘米。葡萄主干垂直绑缚在第一道铁丝；生长期将新梢呈“弓”字形向横梁两侧铁丝引绑，越过外侧铁丝后自然下垂。冬季修剪时，短梢修剪，所有结果母枝短截回到第一道铁丝上（图4-9）。

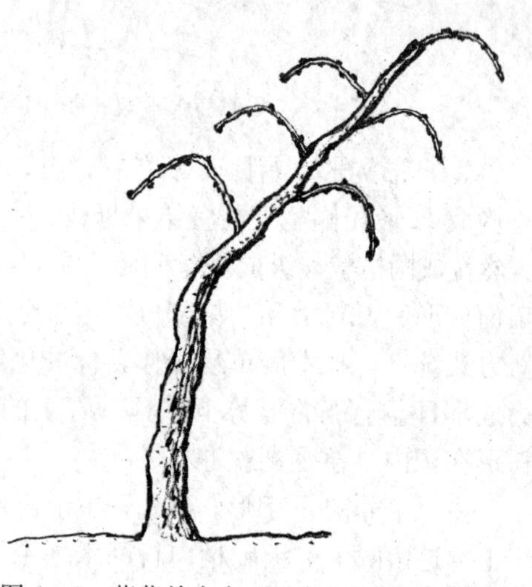

图4-9 葡萄单十字“飞鸟架”树形示意图

（四）葡萄修剪

葡萄的修剪可分为冬季修剪（休眠期修剪）和夏季修剪（生长季修剪）。

具体操作见本书第五章 5月葡萄的精细管理（夏剪）及11月葡萄的精细管理（冬剪）。

四、葡萄园施肥

葡萄园选用哪种肥料、各种元素含量多少及施肥量的确定应考

虑多种因素，包括土壤类型、土壤养分含量、植株生长与结实状况、目标产量等，因此，了解栽培区域（地块）的基础信息和正确判断树体状况是确定正确施肥种类与施肥量的前提条件。

（一）土壤和树体基础信息收集确定

1. 葡萄园土壤分析　葡萄园土壤分析主要用于确定土壤理化特性和营养元素含量及平衡营养状况，包括与葡萄生长结果密切相关的土壤 pH、土壤渗透性、必需营养元素含量以及离子间平衡、有害重金属元素含量等，从而明确基础信息，预测潜在的营养元素缺乏问题，也为今后葡萄园肥料种类选择提供依据。

葡萄园的土壤分析最好在建园前进行 1 次，一般在夏季或秋季定点采集土壤深度 0～20 厘米和 20～40 厘米的土壤样品，土样可以用铁锹或土钻取，样品一定要有代表性，一般每 2～3 公顷区域内随机采集 10～20 个土样，混合成 1 个样品，去掉表层杂物、草皮、石块，取大约 0.5 千克用于测定分析，如果地形或土壤结构变化较大，不同区域应分别取样。拿到土样应分析其土壤类型、孔隙度、土壤 pH、植物必需营养元素含量、有害重金属元素含量等。如果土壤条件不适，宜先进行土壤改良，如土壤 pH 过低，可掺入一定量石灰，土壤 pH 过高，可施用酸性肥料。

葡萄园栽植后，一般应每 2～5 年进行 1 次土壤分析，有条件的葡萄园可以每年进行 1 次。采集土样的最佳时期是在秋季果实采收后至落叶前。葡萄园适宜的土壤营养状况如下 pH 6.5～7.0，有机质含量 3%～5%，氮浓度 100～150 毫克/升，磷浓度 10～50 毫克/升，钾浓度 75～225 毫克/升，钙浓度 1 000～2 000 毫克/升，镁浓度 150～250 毫克/升，铁浓度 20～50 毫克/升，锰浓度 20 毫克/升，铜浓度 20 毫克/升，锌浓度 2 毫克/升，硼浓度 2 毫克/升。

目前，还很难将土壤分析结果直接用于指导生产中肥料的具体施用，因为除了土壤分析，还有砧木、品种、根系分布、土壤含水量、坐果量、土壤病虫害、土壤养分可利用性等多方面的因素影响树体对营养元素的吸收和利用。因此，土壤分析结果应与叶分析及植物生长结果状况相结合，综合分析来指导肥料的施用。

2. 葡萄叶分析 植物组织器官营养分析是一种基于植物吸收力、累积和利用矿物质营养能力，直接测定植物养分状态的方法，包含了土壤和植株自身因素，避免了土壤分析的局限性。叶片是植物光合作用的主要器官，叶片的营养状况对其光合性能影响巨大，进而影响树体营养物质积累。因此，可以通过分析叶片的营养状况来反映树体的营养状况，即叶分析营养诊断。常见果树的叶分析采样标准为采取叶片进行矿物质元素分析，而葡萄则可分别分析叶片或叶柄的营养成分，且以叶柄分析多见、准确度高。

葡萄以叶柄为材料进行叶分析具有许多优点，一般叶柄较叶片表面污染少，叶柄容易采集、洗涤、干燥等。同时叶柄需要比叶片多取样 2～3 倍才能达到相同的干物质量，故叶柄样品相对叶片可代表更多的植株样本。更重要的是，以往研究结果表明叶柄营养中硝态氮、磷、钾、镁和锌元素含量值具有较大范围，叶柄分析对反映肥料施用效果更准确，对各种元素的缺乏与过剩值也更容易界定。

叶柄采样多在葡萄盛花期，也可在果实转色期进行。选取不同地块、不同土壤类型以及不同砧木上的叶片，随机采集与花序相对着生的叶片，注意分别采集健康的叶片和表现缺素症状的叶片。采后立即去掉叶片，留下叶柄，每区域取样不少于 100 个叶柄。采后立即运回实验室，清水冲洗数遍，再用无离子水冲洗 1 遍，置于 70 ℃恒温烘箱中烘干后，用于营养分析。分析的项目多为与葡萄生长结实关系较为密切的矿质元素，一般为氮、磷、钾、钙、镁、铁、锰、铜、锌和硼元素，常规条件下葡萄叶分析营养标准参考值见表 4-1。

根据叶分析结果可以判断元素是缺乏、适中或过量，还可以用于评价施肥效果。单纯的施肥试验主要依靠植株的生长结果表现来估计不同处理的反应，但生长结果受多种因素的影响，而叶分析能准确揭示施肥对树体内营养状况的影响，可大大简化施肥试验。对于葡萄生产者，连续分析所在园区的叶营养指标可以掌握树体的健康状况，为生产技术措施的制定实施提供依据。

表 4-1　葡萄叶分析营养标准参考值

元素	适宜量（毫克/升）	
	盛花期叶柄	花后 60～70 天新近成熟叶
氮	8 000～12 000	8 000～12 000
磷	2 500～5 000	1 400～3 000
钾	18 000～30 000	15 000～25 000
钙	12 000～25 000	12 000～20 000
镁	3 000～5 000	3 500～5 000
铁	40	30～100
锰	30～60	50～1 000
铜	7～15	10～50
锌	35～50	30～60
硼	30～70	25～50

3. 葡萄园缺素症原因的判断　通过葡萄树相指标、叶分析判断营养元素缺乏时，需要对葡萄园缺素症发生的原因进行分析。

第一，对葡萄园土壤营养成分进行分析，如果发现土壤有机质含量低、矿质元素含量低，则应加强果园施肥，补足土壤养分（彩图 26）。

第二，分析土壤营养成分中各种营养元素的相对含量、离子存在形态。如果是由于元素间拮抗造成养分吸收不平衡，则应调整施肥方案，减少某些元素施用；若离子含量丰富，但呈植物不可吸收利用态，则可从改良土壤入手，使被吸附固定的元素释放出来，由不可吸收利用态转变成植物可吸收利用态。

第三，观察分析葡萄根系生长状况，看是否有根系病虫危害、是否有过旱或过涝情况出现等，根系生长不良将大大影响树体对土壤营养元素的吸收和利用。

一般由土壤影响的葡萄营养缺乏症多成片发生，根据地形、地势不同有一定规律性。如在山坡地葡萄园，上部地区常因水土流失造成营养较少，易表现缺素症。如果个别单株缺素严重，但其附近的植株生长正常，则首先考虑根系生长问题。

（二）葡萄园施肥量的确定

1. 施肥不当的原因和危害 生产上，果农深刻认识到肥料的作用，亦非常重视肥料的投入，但不适量和养分不平衡的肥料投入也常常给葡萄生产带来严重问题。

首先是肥料施用的盲目性，对自身所在葡萄园土壤的基本情况缺乏了解，对肥料的种类、养分含量缺乏选择性；还有许多果农认为施有机肥是多多益善，果农自己有什么肥、能买到什么肥就施什么肥，根据自己的经济能力及以往情况能施多少就施多少，往往造成施肥过量或不足，元素供应不平衡，缺素症表现明显。

在同一园区连年施肥可引起肥料的叠加效应，即上一次所施肥料的某些养分没有被完全利用，残留在土壤中，下一季施肥时的施肥量应将这些残留的肥料养分减除，否则某些营养元素累积量增加，即产生肥料的叠加效应。在一定范围内土壤营养元素的积累是必要的，曾经也有人将这种肥料的叠加效应理解为培肥土壤的措施，但事实上元素积累超过一定限度就会起相反作用。因此，在同一地块上长期施用定比复混肥极易产生各种施肥障碍。

在土壤地力较差和施肥不足的葡萄园，植株生长受到抑制，缺素症现象发生严重，产量低，品质差。在土壤肥沃、施肥量过大的葡萄园，植株表现营养生长与生殖生长不平衡，营养生长旺盛，架面易郁闭，光照差，果实品质不良，成熟期推迟，耐贮性差，枝蔓成熟度差，抗寒性差，病虫害发生严重等，同时也增加了架面管理投入，增加了夏季修剪和冬季修剪工作量。

过量施用氮肥对葡萄生长结果的危害已被普遍认识（彩图27），如生长过旺、架面郁闭、花芽分化不良、果实着色差、枝蔓成熟不良、越冬性差等；另外，过量施用氮肥导致的过旺生长使其他元素的需求量加大，如果不能相应补充，则植株极易表现其他元素的缺乏症；同时，过量施用氮肥时，植物发生对氮素的奢侈吸收，在植株体内大量积累硝态氮，往往引起食品不安全问题，对人类健康造成严重危害。

磷可以促进碳水化合物的运转，常被用于提高果实品质。但生产上存在“多施磷肥无害”的误区，这可能与人们对磷肥的认识不到位有关。磷肥易被土壤固定，施用过量，植物不会像氮肥施用过量时那样敏感，不容易造成植物中毒、减产，因此，人们就形成了“磷肥施多了无害”的错觉。事实是铁、锰、锌、镁与磷酸盐结合会形成难溶性磷酸盐，不仅降低了磷肥本身的有效性，也使与其结合的微量营养元素成为难溶性盐，降低其有效性。因此，过量施用磷肥容易诱发土壤及植物中铁、锰、锌、镁的缺乏症；大量施用磷肥，还会造成植物大量吸收和异常积累无机态磷酸盐，其与植物吸收的微量元素发生反应，形成溶解度更低的化合物，从而降低了这些营养元素在植物体内的有效性。

在肥料宣传中，钾肥也多与提高果实品质有关，因此在果实发育后期施用一定量的钾肥已成为果农常规肥料管理措施之一。但过量施用钾肥的现象在生产上经常发生，葡萄可以吸收大量的钾肥，且主要富集在果实中，过量的钾对葡萄生长有一定影响，如徒长、抗性差等，但主要影响果实品质，果实中钾含量过高可导致果实pH升高、果实耐贮性下降、抗病性差等。这主要是由于过量的钾与钙、镁离子拮抗，从而影响植株对钙、镁离子的吸收与利用。

2. 施肥量的确定 适宜的施肥量是决定施肥效果的关键因素之一，施肥前应清楚其园区哪些地方需要养分？需要哪些养分？需要多大量？但许多葡萄园管理者施肥具有从众心理，靠施肥习惯、靠推测或凭愿望决定。有的葡萄园可能仅在某些区域需要施肥，管理者却对整个园区进行施肥。由于葡萄营养和肥料利用的复杂性，目前尚无单一的方法可以精确判断某一园区营养需求状况，需要根据土壤分析、植物营养分析、植物感官症状等因素综合考虑确定。

（1）依据葡萄园肥力状况 施肥前应首先了解所在葡萄园的土壤基本情况，有条件的一定要进行土壤养分分析测定，以分析报告为依据指导施肥。如根据建园前的土壤分析报告对比土壤养分适宜范围值进行栽植前的土壤改良和肥料施用。以后每2～5年进行的土壤分析与前一次的土壤分析报告进行对比，判断过去的施肥措施以及葡萄植株吸收对土壤养分的影响情况，作为再次施肥的参考。

(2) 依据树相指标 葡萄植株的树相指标包括：枝蔓生长量，叶片大小、厚度、颜色，果实发育状况等。如果建园时已进行了土壤改良，施入了一定量的基肥，植株生长良好，上述指标表现正常，则在葡萄生长的前1～3年没有必要进行施肥。如果有相当数量植株表现生长较迟缓，则可能需要适当追施氮肥，当然首先要排除是否由于缺水、产量过载、病虫害等影响；如果出现坐果率低、大小粒现象严重，则可能与缺硼、缺锌有关。随着葡萄园开始大量结果，营养消耗逐渐增大，应通过施肥进行营养补充，以保障土壤具有足够的养分满足植株吸收需求。

(3) 依据产量和修剪量指标 葡萄吸收土壤中的养分用于枝叶生长、果实发育，枝蔓修剪、落叶和果实采收会将这些养分带走，需要及时补充。正常生长的葡萄树体营养生长与生殖生长呈平衡状态，果实为栽培者的最终目的，因此，可以通过计算果实产量及枝蔓生长养分消耗，大体换算出养分流失状况，计算出施肥量。

在冬季修剪时，将修剪下的一年生枝进行称重，即修剪量。注意称重时不含叶片，不含多年生部分，修剪后立即进行湿重称量(彩图28)。因葡萄修剪是选留翌年足够的结果母枝后剪掉其余的枝蔓，修剪下的枝蔓几乎相当于当年的生长量，通过对修剪量的连年记载分析，可以判断施肥方案的正确性。

氮元素是葡萄园应用量最大的基本肥料，几乎所有葡萄园视施用氮肥为常规的施肥措施，一般1吨葡萄将带走氮素养分1.31千克，修剪的枝蔓每吨将带走2.5千克氮素，加之其他因素造成的氮素损耗，如果不外施氮肥，土壤中植物可利用态氮素终将不足。在土壤有机质含量低的葡萄园，土壤中大部分氮素与有机质结合，经过一系列土壤微生物参与的活动将有机氮转化成氨态氮或硝态氮，供植物吸收利用，当土壤中存贮氮缺乏，就必须补充氮肥满足葡萄吸收需求。

(三) 葡萄园施肥方法

1. 土壤施肥 土壤施肥即将肥料直接施入土壤中，是一种传

统的施肥方式。根系是植物营养吸收最主要的器官，土壤施肥直接供应根系营养。因土壤本身具有很大的缓冲作用，同时肥料需要通过溶于水中被根系吸收后利用，因此肥料一次性施入量可以相对较大，大量补充土壤养分损失的同时，也不易立即、直接对植物造成损伤。土壤施肥常结合土壤耕作进行，可同时起到改良土壤的作用，但相对费时、费工。主要做法有以下几种。

(1) 条（沟）状施肥 沿葡萄栽植的行向在距葡萄根颈 30～40 厘米处挖一条 30～40 厘米深沟（施有机肥）或 10 厘米浅沟（施化肥），将肥料均匀撒入沟内，回填土壤，浇水（彩图 29）。对于有机肥的施用，一年仅可在一侧进行挖沟，挖沟时还应尽量避让较粗大的根，减少伤根，如果一次性伤根过多，会影响树体营养吸收，削弱树势。

(2) 穴状施肥 施有机肥时，一般在树两边距葡萄植株 30～40 厘米处挖两个直径 40 厘米、深 40 厘米的穴，施入腐熟好的有机肥，回填土壤。第二年与上一年位置错开进行，通过 4～5 年实现全株区域有机肥施用，这种施肥方法同时改良了局部土壤。相对于条状施肥，穴状施肥更加集中，改良效果更好。以后在相邻部位继续进行，原改良的土壤可以保持相对稳定，有利于根系稳定生长。对于土壤条件较差、有机肥源不足的葡萄园采用这种施肥方法效果更佳。

施化肥时，在距葡萄植株 30～40 厘米处挖浅穴，随挖随施入化肥，回填土壤。

(3) 放射状施肥 对栽植株行距较大的葡萄园，有机肥施用可以采用这种方式。距葡萄根颈 20 厘米处向外挖沟，由浅渐深至外沿达 40 厘米深、由窄渐宽达 30～40 厘米宽，沟长 40～60 厘米，每株依肥料多少情况可挖沟 2～4 条，然后将有机肥填入沟内，回填土壤，浇水。

(4) 撒施 撒施即将肥料直接撒于葡萄园地面上，多数情况下是撒于行内树冠下，可用于有机肥和化肥的施用。施用化肥后立即浇水，减少化肥的损失；对于有机肥，有条件的可以进行一次土壤浅翻或用旋耕机进行一次旋耕。这种方法简便易行，但改良土壤效果有限。

2. **叶面喷肥** 叶面喷肥指将无毒无害、含有各种营养成分的有机或无机营养液，按一定的剂量和浓度，喷施于植物叶面，起到直接或间接供给养分的作用，也称根外追肥。叶面喷肥的主要特点是简便易行，吸收不受根系生长的影响，应用时期灵活。在土壤水分过多、干旱、过酸或过碱，造成根系吸收受阻，根施方法不能及时满足葡萄生长发育需要时，采取叶面喷施可迅速补充营养，满足需要。在植物生长关键时期，如出现某些营养元素缺乏症，采用土壤施肥需要一定的时间，养分才能被吸收，采用叶面施肥可迅速补充养分，及时缓解缺素症状。另外如果根施某些肥料如铁、锰、锌肥等，易被土壤固定，影响施用效果，但采用叶面喷施就可避免遭受土壤条件的限制。

但叶面喷肥受叶片吸收能力所限，只能施用少量，加大喷施肥量极易出现药害，作用维持时间短。因此，应注意在植物需求某些元素的关键期前一段时间进行施用，如葡萄缺硼、缺锌症的防治与矫正，则可在花前一周进行叶面喷肥。

叶面喷肥的效果受温度、湿度、风力等环境因素影响较大。一般气温在 18～25 ℃时喷施为好，叶片吸收快，最好选择无风、阴天或湿度较大、蒸发量小的上午 10 时前或下午 4 时后进行，如喷后 3～4 小时遇雨，则需进行补喷。

为节省用工，叶面喷肥可与杀虫剂、杀菌剂一起喷施。但要注意药剂酸碱性，防止叶面肥与农药发生化学反应，使肥效和药效遭到破坏。

应注意的是，植物根部比叶部有更大、更完善的吸收系统，叶面喷肥吸收量小，在补充大量元素缺乏的能力方面有限，对植物需求量大的营养元素如氮、磷、钾等，据测定要 10 次以上叶面施肥才能达到根部吸收养分的总量，因此，叶面施肥不能完全替代根部施肥，只能是土壤施肥的补充方式，必须与根部施肥相结合。

3. **灌溉施肥** 灌溉施肥为土壤施肥的一种特殊形式，将肥料

溶入灌溉水中，在灌溉的同时将肥料带入土壤中。较为原始的灌溉施肥方法是通过沟灌追施肥料，往往造成入水口处灌溉水过量，而远离入水口一端的灌溉量偏低，造成了水分和肥料不均衡。地块高低不平也会造成水肥施用不均匀，低洼处水肥过量，高处水肥不足。

现代的灌溉施肥即水肥一体化技术，采用滴灌与施肥相结合（彩图 30），是实现灌溉施肥的有效手段。在滴灌系统中配以一定比例的全水溶肥料，可以准确、定量地将肥料施入葡萄根系集中区（长期滴灌园区葡萄根系分布与灌溉滴头所在位置相关），提高肥料利用率，同时省工、省肥，施肥可少量多次，简便易行。一般而言，硝酸钾、硝酸铵、磷酸二氢钾、硝酸钙、硝酸镁、硫酸镁、硼砂、钼酸铵及含多种螯合态微量元素的全水溶性复合肥等比较适合在滴灌施肥中使用。

4. **树体输液施肥**　输液施肥即树干注射施肥，源于植物蛀干害虫防治中的农药注入理论，经不断发展现已广泛应用于树体营养的补充、果实品质的改善、植物缺素症的矫治等领域。植物所需矿物质通过树体自身的蒸腾拉力或外界压力随树体的水分运动而发生纵向运输，从根部向顶梢叶片运输、扩散。输液施肥技术就是利用树体的这种物质传输扩散能力，按照不同植物生长发育所需的营养要求，将氮、磷、钾大量元素及多种微量元素和有机营养成分，直接配制成营养液，在树体根颈处打孔，深达木质部，用输液管直接将营养液输入植株体内，补充树体所必需的多种元素，改善和提高树体的营养结构水平及生理调节机能，达到矫治缺素症、平衡树体营养水平、调节树体生长发育的目的。

输液施肥常用的肥料种类有：硫酸亚铁、硼砂、硼酸、磷酸二氢钾、稀土元素、锌肥等。输液施肥技术的优越性主要表现在肥料吸收利用率高、用量少，营养液直接进入树体，克服了传统施肥方式中有些必需元素容易被土壤固定、难以被根系吸收而造成大量肥力浪费的缺点，不污染土壤、水源、空气，不破坏生态环境。输液施肥见效快，输液后几小时，养分可运送到树体各个部位，并能迅速被树体吸收和利用。输液施肥省时省工、成本较低，用过的营养袋可收回，用温水浸泡一段时间，将其清洗干净，晾干、封存，可留在下次装营养液再次使用。

果树注射施肥作为一种新的施肥方法具有一定优越性，但在使用过程中因操作不当也会出现一些副作用，如出现烧花、烧叶、烧枝、输液孔坏死现象等，导致树体受到严重伤害。出现这种现象的原因：一是使用方法不当，使用浓度、使用剂量偏大或单向集中注射等，导致肥料在树体局部相对集中而出现烧伤；二是受气候因素影响，春季长期干旱、温度上升过快，又无灌溉条件而导致烧伤。因此，要严格按照规定的使用时间、浓度、剂量、使用方法规范操作，以免造成伤害。

（四）葡萄园施肥时期

确定肥料的施用时期应综合考虑葡萄生长结果对肥料的需求规律、植株的生长状况、肥料的特性、土壤状况、水分供应等因素。

1. 有机肥　一般认为，有机肥施用的最佳时期是秋季葡萄采收后、土壤封冻前。此时处于葡萄根系生长高峰期，有机肥中植物可吸收态养分可立即被葡萄根系大量吸收，有机肥中其他养分还有时间于冬季来临前在土壤微生物作用下进行分解，供翌年春季根系吸收。此期也是葡萄植株大量累积贮藏养分时期，供应肥料养分可以提高树体贮藏养分，尤其是贮藏氮素水平，研究表明，此期葡萄吸收氮素占全年总量的34%，可供翌年春季花期前树体对养分的需求，新梢生长消耗的氮素有30%～40%源于根系中贮藏的氮营养。

有机肥也可以在早春施入，目前我国北方地区葡萄有机肥在早春施入的仍占有一定比例，一方面是果农对有机肥施入最佳时期认识不足，果农有在耕作前施肥的习惯；另一方面与北方地区葡萄冬季埋土防寒有关，春季进行葡萄枝蔓出土上架，土地整理的同时进行有机肥施用。春季施有机肥应尽早进行，萌芽1个月后至果实成熟期则不宜施有机肥，施肥过晚可能会造成树体旺长，尤其是生长

季后期枝蔓旺长易引起架面郁闭、枝蔓成熟度差、花芽分化不良、越冬性差等。

2. 化肥　化肥施用方便、有效成分含量高且准确、易被植物吸收利用、作用快，施用时更应注重精量计算、适期施用、少量多次，以发挥其最大效应，同时减少副作用，最大限度地保持土壤自然状态。

氮肥可以在果实采收后立即施入，结合秋施有机肥进行，有利于提高氮素在葡萄树体的贮藏水平，不易引起树体旺长。也可以在春季萌芽期到花前施用。根据美国加利福尼亚州葡萄生产的经验建议，土层深厚的沙壤土上栽植的葡萄，如果树势生长旺盛则在果实采收后立即施入氮肥，如果生长势中等则适当晚些或在春季施入。

磷肥在土壤中移动性很差，易被固定成植物不可利用态，影响磷有效性的关键因素是土壤 pH，一般在土壤 pH 6.5 左右时，磷元素有效性最高，且多与菌根菌的存在有关，因此磷肥最好与有机肥施用结合，掺入有机肥中施入，以提高磷有效性，此期也正是葡萄根系吸收磷元素的一个高峰期，吸收的磷元素主要贮藏在根系，供应葡萄前期生长所需。根系在花后有一次磷元素吸收高峰，直接用于枝梢生长和果实发育，因此在花后、幼果膨大期可施用一次磷肥，注意施用时尽量靠近根系主要分布区。磷的需求量为氮需求量的 10%～20%，且一般土壤中含有大量被固定的磷，因此葡萄园不必年年施用磷肥，提高磷有效性的措施对葡萄生长结果意义更大。

钾元素能促进碳水化合物代谢并加速同化产物流向贮藏器官，缺钾时同化产物保留在叶中不能疏散，影响光合作用继续进行，同时钾元素是提高光合作用中许多酶活性所必需的元素，因此，钾元素对葡萄果实品质尤其是糖分积累起重要作用。葡萄在盛花后至果实转色期吸收钾量达到高峰，随后钾吸收量骤减，在果实采收一个月后又出现一次小高峰，但此次吸收量相对较小，且钾元素在枝蔓中的积累比根系多，因此盛花后及时补充钾肥是关键。

钙元素是细胞壁中胶层的组成成分，以果胶钙形态存在，缺钙时细胞壁不能形成，多影响果实贮藏性。钙在葡萄体内主要存在于枝叶中，且老叶中含量比嫩叶多，果实中含量较少。钙在植物体内移动性差，易被固定，不能转移和再度利用。葡萄吸收钙素主要在生长前期，从花期到果实转色期之间达到高峰，吸收量近全年的一半，但从转色期到果实成熟采收期根系不吸收钙素，在落叶前一个半月根系又有一次吸收钙素小高峰。钙在果实中的累积和再分布利用研究表明，从花后到转色期，钙在果皮和果肉中逐渐累积，转色期后停止累积，原有的这些累积的钙被用于种子等的发育消耗，因此后期是否缺钙取决于前期的累积量和后期的需求量，施钙肥应主要集中在花期前后和果实采收后，宜少量多次施用，施入部位靠近根系，均匀分布。

镁元素是叶绿素的组成成分，对光合作用有重要作用，是一切绿色植物不可缺少的元素。镁是许多酶的催化剂，与许多代谢活动有关，尤其可促进植物的碳水化合物代谢和呼吸作用。镁的缺乏多发生在镁含量低的酸性土壤中、含较高钾元素的沙壤土中和石灰土壤中，大量应用铵态氮肥和钾肥也易导致缺镁现象发生（彩图 31，彩图 32）。葡萄大约从开花期开始吸收镁元素，主要转运到新梢中，用于当年生长。花后到转色期，植株持续吸收镁元素，主要用于根、枝蔓和叶生长，果实获得较少。从转色期到果实成熟采收期，植株仍可吸收镁元素，但吸收量较小，果实采收后镁吸收出现一次高峰，吸收的镁元素主要贮藏在根、枝和树干中，吸收一直持续到落叶。因此，葡萄对镁元素的吸收在整个生长季基本平稳，镁肥施用可在花前到落叶期进行。

锌元素是许多酶的组成成分，对植物体内物质水解、氧化还原以及蛋白质的合成等都有重要作用，尤其参与植物激素生长素的合成，对植物生长点的生长发育具有调控作用。缺锌多发生于在沙地、高 pH 土壤、含磷元素较高土壤上栽植的葡萄园中。锌肥施用最佳的方法是叶片喷肥，一般喷在顶端幼叶的锌肥 80%可以保留在该处，供嫩梢生长发育应用，喷在基部叶片上的锌肥多转运到植株多年生部位。对葡萄顶梢分析结果表明，喷施锌肥的作用大约可

持续20天，喷施锌肥最佳时期为花前2周至坐果期。也有人试验在冬季修剪后于剪口处涂抹锌肥矫正缺锌症状，对缺锌植株涂抹150克/升硫酸锌溶液（含22%锌）或代森锌（含23%锌），翌年均增加了果穗重，提高了叶柄中的锌水平，其中涂抹硫酸锌溶液的效果更显著。

铁元素是一些蛋白和酶的重要组成成分，是形成叶绿素必需的元素。缺铁时植株常表现叶失绿症，严重时叶片白化，进一步导致生长量减少，光合效率降低，叶面积和干物质积累减少，果实脱落，产量下降等。缺铁多发生在冷、湿环境下，在石灰岩土壤中发生也相对较普遍，葡萄缺铁很容易通过叶片症状进行判断，但想矫正并非易事，往往需要进行反复多次才能有所成效（彩图33）。铁的吸收仅通过根尖，因此诱发大量新根生长对铁吸收至关重要。在土壤施用铁肥时，首先应考虑土壤pH，许多情况下并非土壤缺铁，只是因土壤pH不适，铁呈不可利用态，此时改变土壤pH的措施可能会更有效。另外，葡萄生产上矫正缺铁症可采用叶面喷肥方式，$FeSO_4$和Fe-EDTA是葡萄上常用的叶面肥，可在生长季每隔7～10天喷布1次，对防治缺铁黄叶病具有一定效果。

硼元素对葡萄体内的许多重要生理过程有特殊的影响，缺硼会导致根尖伸长受阻、幼嫩枝梢顶端细胞分裂受影响，花粉管伸长受阻，影响受精结实等。葡萄吸收硼受土壤水分影响，干旱条件下硼元素吸收量极小；另一方面，硼在土壤中具有较强的可移动性，强降雨和过量的灌溉会导致硼元素的大量淋溶，尤其是在沙土园中。硼肥施用主要在两个时期：一是花前一周进行叶面喷肥，可喷施0.1%～0.3%硼酸；二是在秋后对土壤施用硼肥，因硼肥的易流失性，建议少施、年年施以维持硼有效量。

五、葡萄水肥一体化养分、水分管理

葡萄吸收水分和养分虽是两个独立的过程，但对于葡萄生长、结果的作用却是相互制约的，无论是水分亏缺还是养分亏缺，对作物生长都有不利影响，这种水分和养分对作物生长作用相互制约和耦合的现象，称为水肥耦合效应。水肥耦合技术就是根据不同水分条件进行灌溉与施肥，并在时间、数量和方式上合理协调与匹配，达到葡萄生长、结果和水肥利用的最佳效果。水肥一体化是实现水肥耦合效应的一种农业技术，是近几年迅速发展起来的一项将滴灌与施肥结合在一起的现代先进农业技术。水肥一体化技术节水节肥效果显著，生产成本大幅度降低，并有效提高了土地利用率，还能减少大量施肥对环境造成的污染，是当今葡萄产业水肥管理发展的趋势。

通过灌溉施肥，理论上可以确保作物施肥做到“四适当”（即适当的肥料品种，以适当的使用量，在适当的时机，施到适当的位置）。灌溉施肥作为一种高效实用技术，能够满足作物在不同生育期、不断变化的对水分和养分的需求，按照需要定时、定量施肥，可以使作物获得最高产量，提高肥料利用效率，减少肥料使用量和提高肥料的投资回报率，最大限度地减少施肥对环境的污染，获得最大的施肥效应。采用这种施肥方法，易溶性营养成分可以直接施到作物根区，最大限度地提高养分利用效率，减少过量施肥、养分下渗到地下水对环境造成破坏。

（一）水肥一体化基本组成

水肥一体化通常包括灌溉系统、施肥系统及水溶性肥料 3 部分，灌溉方式可采用管道灌溉、喷灌、微喷灌、泵加压滴灌、重力滴灌、渗灌、小管出流等。

水肥一体化设备通常由首部设备、管道阀门系统、滴灌毛管等组成。

首部系统包括水源、增压泵、过滤器、施肥罐、注肥泵等设施。水源可以是自来水、河水、井水和池库蓄水，要求能保证水量供给，水质合格，一般通过水泵抽提和增压泵增压后供葡萄园使用。滴灌用水要采用两级过滤，确保不堵塞滴灌管路系统，滴灌水量按每亩每次 3.0～3.5 米^3 测算。施肥罐是灌溉系统中过滤施肥

必备产品，液体肥可以直接倒入施肥罐，固体肥料则应先将肥料溶解并通过滤网后再注入施肥罐。肥料在罐中用水稀释后，通过蛇皮管流经输水管道与水一起输送到作物根部进行灌溉。

埋设输水管道系统：输水管道一般用 PE 管材质，埋设到地面以下 80～100 厘米；主管直通各栽植作业小区，支管沿工作道垂直于栽植行，支管按栽植行安设毛管旁通与阀门，用于连接滴灌毛管。

铺设行间滴灌管（带）：按葡萄行铺设滴灌管（带），滴灌管（带）经过每株葡萄苗两边各打一个滴孔，完成整个滴灌水肥一体化系统。

灌溉施肥的程序分 3 个阶段：第一阶段，用不含肥的水湿润；第二阶段，施用肥料溶液灌溉；第三阶段，用不含肥的水清洗灌溉系统。

（二）水肥一体化合理施肥量的确定

在灌溉施肥过程中，肥料的添加种类、数量和比例是影响水肥一体化的重要因素。有研究表明，葡萄在萌芽至开花期，滴灌追施氮、磷、钾的比例为 1∶0.26∶0.12，在葡萄果实生长期滴灌追施氮、磷、钾的比例为 1∶1.54∶1.97 时，能够显著提高葡萄的产量。水肥配合使用时，施肥有明显的调水作用，而灌水也有明显的调肥作用，灌水能够促进葡萄对养分的吸收，提高果树对氮、磷、钾的利用率，这种水分和肥料之间的交互作用能够有效提高葡萄的产量和品质。具体水肥用量应根据实际情况，考虑多种因素加以判断。

1. **考虑区域特点**　根据不同地区、不同地质环境、地表覆膜管理上的差异以及对葡萄品质的要求等，水肥一体化的施加量差别较大，干旱地区采用覆膜技术可以使总灌水量减少 2/3，总施肥量也有一定的减少，虽然不同地域的葡萄水肥的施加总量有所差异，但是葡萄生产的水肥四要素有共同特点，对葡萄产量的作用顺序为施氮量＞灌水量＞施磷量＞施钾量；对葡萄糖度的作用顺序为施磷量＞施氮量＞灌溉量＞施钾量；对葡萄维生素 C 含量的作用顺序为施磷量=施氮量>施钾量>灌溉量；对葡萄总酸度的作用顺序为施氮量>施钾量>灌溉量>施磷量。

新疆覆膜的葡萄水肥耦合研究发现，为获得较高的产量，灌溉量与施肥量的最佳配比为灌溉量 2 000 米^3/公顷，施氮量 150 千克/公顷，施磷量 40 千克/公顷，施钾量 67.5 千克/公顷；为获得较高的果实糖度，灌溉量 1 850 米^3/公顷，施氮量 95 千克/公顷，施磷量 28 千克/公顷，施钾量 12 千克/公顷；为获得较高的果实维生素 C 含量，灌溉量 2 050 米^3/公顷，施氮量 130 千克/公顷，施磷量 66 千克/公顷，施钾量 81 千克/公顷；为获得较适宜的果实总酸度，灌溉量与施肥量的最佳配比为灌溉量 1 850 米^3/公顷，施氮量 150 千克/公顷，施磷量 51 千克/公顷，施钾 40.5 千克/公顷。

嘉峪关地区酿酒葡萄膜下灌溉的合理水肥量为灌水量 2 000 米^3/公顷，施氮量和施钾量均为 145 千克/公顷，施磷量为 40 千克/公顷，施钾量 67.5 千克/公顷。

华北平原的推荐滴灌施肥量为施氮量 180～225 千克/公顷，施磷量 60～120 千克/公顷，施钾量 180～225 千克/公顷，北方葡萄的平均适宜比例为 N∶P∶K=1.4∶1∶2.1。

2. 考虑葡萄水分和养分消耗规律 葡萄水肥一体化操作的依据是葡萄养分供给和消耗规律，取决于品种、砧木、产量、土壤及气候条件等。国外相关研究表明，如果采用水肥一体化灌溉施肥，当季氮肥利用率可达 70%～80%，磷肥利用率可达 40%～50%，钾肥利用率可达 80%～90%。我国水肥一体化灌溉施肥的水平比发达国家低，保守估计，水肥一体化灌溉施肥条件下氮肥利用率为 60%，磷肥利用率为 40%，钾肥利用率为 70%，则一亩目标产量 2 000 千克的葡萄园全年需要的施肥量为氮 12 千克、磷 8 千克、钾 17 千克、钙（CaO）16 千克、镁（MgO）2 千克，才能满足需求，同时根据土壤养分状况补充相应的微量元素。

3. 考虑葡萄品种特点 目前，我国对不同葡萄品种的养分需求已有很多研究报道，表 4-2 总结了鲜食葡萄巨峰、峰后与酿酒葡萄赤霞珠 3 个品种每生产 1 000 千克果实的养分需要量，其氮、

磷、钾养分量大大高于世界平均水平，不同葡萄品种的肥料施用量可参考相应的研究结果进行调整。

表 4-2　生产 1 000 千克不同品种葡萄的养分需要量

品种	树龄（年）	N（氮）（千克）	P_2O_5（五氧化二磷）（千克）	K_2O（氧化钾）（千克）	$N:P_2O_5:K_2O$
巨峰	6	3.91	2.31	5.26	1∶0.59∶1.35
峰后	7	12.78	1.23	10.74	1∶0.10∶0.84
赤霞珠	5	5.95	3.95	7.68	1∶0.66∶1.29

4. 考虑葡萄生长周期的养分利用特点　根据葡萄对养分的总需求，在不同生育期供应不同数量的养分（不同品种有所差异）。第一阶段，在葡萄植株萌芽后，要及时施用氮肥，其次施磷、钾肥，从萌芽到开花前，施肥量占年总用量的14%～16%；第二阶段，从花期开始到花期结束（果实开始膨大），施用氮、磷、钾、钙、镁肥大约分别占年总用量的14%、16%、11%、14%、12%；第三阶段，从果实开始膨大到开始转色前，此时是养分最大吸收期，施用的氮、磷、钾、钙、镁肥大约分别占年总用量的38%、40%、50%、46%、43%，从开花到坐果到果实膨大，也是微量元素需求最多的时期，主要通过叶面喷施微量元素（铁、锰、铜、锌、硼等）进行有效补充；第四阶段，果实转色后到葡萄采摘前，基本停止氮、磷肥的施用，进一步补充钾、钙、镁元素以促进着色，增加果实含糖量，提高果实品质；第五阶段，葡萄采摘后是植株营养积累的关键时期，根系进入生长高峰，应及时补充营养元素；葡萄采摘后施肥，又称采果肥，对葡萄恢复树势、增加养分贮存、植株安全越冬以及翌年葡萄生长非常重要，需要施用大约占年总施肥量的34%的氮、28%的磷、15%的钾以及22%的钙和镁。

（三）合理选择水溶性肥料

水肥一体化技术中对肥料要求较高，一般要求溶解性好、杂质少的工业级产品，比农用级肥料产品增加了费用但提高了肥效。肥料的溶解度即一定水温下单位体积溶解的最大肥料重量，通常可以在产品说明书中找到。除了使用一些葡萄专用水溶肥料外，也可使用普通化学肥料用于水肥一体化（表 4－3），相比专用肥更能节约成本，并可根据葡萄园的具体养分需求灵活搭配。

表 4－3　用于水肥一体化的常见肥料的溶解度

肥料	溶解度（克/升，20 ℃水温）
硫酸钾（K_2SO_4）	120
七水硫酸镁（$MgSO_4 \cdot 7H_2O$）	330
硝酸钾（KNO_3）	315
硝酸铵（NH_4NO_3）	1 920
水合硝酸钙（H_2CaNO_4）	2 500
磷酸一铵（$NH_4H_2PO_4$）	365
尿素［$CO(NH_2)_2$］	1 050

（四）葡萄生长周期水分需求特点

葡萄是需水量较多的果树，其叶片大、蒸发量大，如果土壤中的水分不能及时满足葡萄生长发育需要，会对产量和品质造成影响。在生长前期缺水，一般会造成新梢短、叶片和花序小、坐果率低。在浆果迅速膨大初期缺水，会对浆果的继续膨大产生不良影响，即使过后有充足的水分供应，也难以使浆果达到正常大小。在果实成熟期轻微缺水，可促进浆果成熟和提高果实含糖量；严重缺水则会延迟成熟，并使浆果颜色发暗，甚至引起果实日灼。如果水分过多，常造成植株新梢旺长，树体郁闭，通风透光不良，枝条成熟度差，尤其在浆果成熟期水分过多，常使浆果含糖量降低，品质较差，而此时土壤水分的剧烈变化还会引起裂果。

葡萄园灌水方案应根据葡萄年生长周期中需水规律、栽培区域气候条件、土壤性质、栽培方式及葡萄园间作等来确定，一般可参考以下几个主要时期供水。

1. 出土后至萌芽前　此次灌水亦称催芽水，可促进萌芽整齐，

萌发后新梢生长快。要求1次灌透，如果在此期间多次灌水会降低地温，不利萌芽。

2. **花序出现至开花前**　一般在开花前1周进行，可为葡萄开花、坐果创造良好的水分条件，缓解开花与新梢生长对水分需求的矛盾。

3. **浆果膨大期**　从花后1周至果实着色前，依降水情况、土壤类型及土壤含水量等进行2～3次灌水。此期灌水有利于浆果迅速膨大，对增产有显著效果。

4. **采收后**　由于果实采收前较长时间控水，采收后应立即灌水1次，可结合秋施基肥进行。此次灌水有利于延迟叶片衰老，提高叶片光合性能，从而有利于树体积累养分、枝条和冬芽充分成熟。

5. **防寒前**　葡萄在冬剪后埋土防寒前应灌1次透水，可使土壤充分吸水，有利植株安全越冬。

六、葡萄贮藏保鲜

（一）品种选择

为了延长供应期，可采用适当方法对葡萄进行贮藏。鲜食葡萄品种很多，但耐贮性差异较大。一般来说，早熟品种耐贮性差，中熟品种次之，晚熟品种耐贮。果皮厚韧、果面及穗轴含蜡质、不易脱粒、果粒含糖量高的品种耐贮。同一品种不同结果次数，耐贮性也有较大差异，如巨峰葡萄的二、三次果就比一次果耐贮。适于贮藏的鲜食葡萄应具有果肉质地紧实，抗挤压力强；果皮中厚，不易裂果；无籽或种子较少，可食用率高；果粒与果梗连接牢固，贮运过程不易脱粒；采后保鲜期长，贮藏效果好等特点。当前适于冷库贮存的品种有巨峰二次果、红地球、阳光玫瑰、玫瑰香、龙眼、马奶等。

（二）果实质量要求

葡萄是非跃变型果实，不存在后熟过程，用于贮藏的葡萄应在充分成熟时采收，此时具备该品种应有的果形、硬度、色泽和风味。果穗应新鲜完整，无机械损伤、无锈斑、无病虫害侵染。主穗梗应已完成木质化或半木质化。在不发生冻害的前提下可适当晚采，一般晚采的葡萄，含糖量高、果皮较厚、韧性强、着色好、果粉多、耐贮藏。

果实采后及时放置在阴凉通风处，散去田间热后用于贮藏。

（三）保鲜处理与冷库贮藏

1. **包装** 外包装宜用纸箱、塑料箱、木箱等；箱体必须坚固耐用，清洁卫生，干燥无异味，容积以容纳 5～10 千克葡萄为宜；箱体外包装建议包含产地信息（依法登记注册的生产/经营者、地址与联系方式等），地理标识，注册商标，商品规格，产品等级，采摘时间，包装日期，追溯码，二维码等内容，要求字迹清晰、易辨认、完整无缺、不易褪色，标记所用的印色和胶水应无毒性。

内包装应选择浅色、无毒且适于食品包装的 0.02～0.04 毫米厚的聚乙烯薄膜袋；将聚乙烯薄膜袋展开平铺于外包装箱底部，同时在包装袋底部铺 1 层吸水纸，然后将果穗呈自然生长状态摆放在内包装袋内，注意葡萄要摆放整齐，穗梗朝上，穗尖朝下，单层斜放，每箱要放满，避免运输晃动造成机械损伤。

2. **入库预冷** 冷库使用前需对库房保温性能、制冷系统进行检查和调试，确保正常运转。葡萄采收后 4 小时内应立即入库，每天入库量以不超过库容量的 20%为宜，否则易导致葡萄入库后预冷效果减弱。入贮葡萄前 2～3 天将冷库温度降至－1～0 ℃的预冷温度，预冷时间以 12 小时为宜，建议葡萄果心温度达到 0 ℃开始保鲜处理。

3. **保鲜处理** 保鲜处理在葡萄预冷后进行。当前应用较为广泛的是能够释放二氧化硫和二氧化氯等的各型保鲜剂产品，主要有保鲜片剂和保鲜纸等。

使用塑料袋包药片，使用前要扎 3～5 个针孔，放在箱的中上层，严格控制塑料袋上针孔的大小和数量，使二氧化硫等缓慢释

放，防止针孔过大释放过快引起葡萄中毒，针孔过小则达不到防腐保鲜目的。

使用保鲜纸，应注意将含有保鲜剂的一面朝下，并在葡萄与保鲜纸之间放置 1 层吸水纸，处理完毕后扎紧薄膜保鲜袋进行贮存。

注意保鲜剂使用要严格按照生产厂家说明执行，不要随意增减防腐剂的用量，用药少起不到防腐保鲜作用，用药过多又会造成二氧化硫中毒，葡萄贮藏期间要定期检查药剂释放状况。

4. 入库贮藏　将包装箱、保鲜膜等材料准备好，放入冷库内，与冷库同时消毒，消毒剂应符合《食品安全国家标准 食品添加剂使用标准（GB 2760—2014）》规定要求。

码垛时，不同种类、品种、产地、等级葡萄应分别码放，垛排列整齐且牢固，注意在箱间、垛间以及垛周围留有空隙，码垛要与风道平行，以便于空气流通。地面垫木高度 0.10～0.15 米，距冷风机≥1.5 米；垛间距≥0.3 米；库内通道宽度≥1.2 米，垛位高度应以外包装容器最大承受压力值为参考。

葡萄建议贮藏期限 3～6 个月，具体品种的贮藏期限以不影响销售品质为准。

5. 贮期管理

（1）温度管理　葡萄适宜贮藏温度为－1～0 ℃，冷库内选取至少 5 个代表性温度记录点，温度计在使用前先进行校正，温度计误差＜0.2 ℃，由专人负责，定时检查并做好记录。整个贮藏期间冷库内温度变化范围应在±1 ℃。

应注意的是，制冷剂在蒸发器内气化时，温度低于 0 ℃，当与库内湿润空气接触时，蒸发器外壁容易凝结成霜，不利于导热，影响降温效果。因此，在冷藏管理工作中，必须定期除霜。同时在冷库运行时，应注意根据实际需求及时调整膨胀阀开启度，随时关注压缩机吸气/排气温度、油压、油温等，发现问题及时维修，避免库内温度升高造成果品的巨大损耗。

（2）湿度管理　冷库内相对湿度建议保持在 85%～95%，可采用地面洒水或铺设湿锯木屑、稻壳等方式补充湿度。与温度管理相似，冷库内选取至少5个以上代表性湿度记录点，湿度计在使用前先进行校正，湿度计误差≤5%。

(3) 通风换气 建议定期通风换气，每3～4周1次，或库内闻见浓郁香气时，应及时通风换气，宜选择在早间或傍晚外界温度较低时进行。

(4) 品质监测 定时抽查检测果品品质、二氧化硫伤害、冻害、霉烂、腐烂、裂果、落粒等情况，并做好记录。一旦发现果实品质开始劣变，应尽早安排出库、加工处理或销售，抽检频次建议每2～3周1次。

(四) 出库与运输

出库葡萄品质应达到果梗新鲜翠绿，穗梗和果梗90%以上不干枯、萎蔫，果粒饱满，有弹性，不脱粒，风味正常，无异味，果实中二氧化硫残留量应≤50毫克/千克。出库后的分选车间建议将温度控制在4℃以下，以防果面结露，引起果实品质劣变。

依据外观和内在品质将果实分成不同等级，建议选择单穗葡萄结合气垫固定的减震包装模式，外包装箱体要与气垫充分接触，以减少运输过程中因震动导致葡萄落粒。包装完成后即可进行上市销售。

商品果实运输前，装车要码垛结实，箱体要固定好；运输路线要优先选择平坦道路，尽量选择减震好的运输工具，最大限度减少运输环节机械损伤；葡萄长期冷藏出库后，在高温环境下易结露，进而导致霉烂和落粒，建议运输温度控制在0℃左右。

七、葡萄病虫害及其防控

葡萄的病虫害对葡萄植株的生长发育、产量品质影响很大，特别是在多雨水地区或多雨水年份，病害流行猖獗，给葡萄生产带来重大损失。葡萄病虫害种类繁多，发生规律复杂，防治较为困难。

葡萄病虫害防治的基本原则为预防为主、综合防治。在葡萄生

产中，应随时了解病虫害发生动态及消长规律，做到提前预防；综合防治要以农业防治为基础，因地制宜，合理运用生物防治、物理防治、化学防治等措施，经济、安全、有效地控制病虫害。

（一）综合防治技术

1. **苗木检疫**　在葡萄引种时，对引入的苗木、插条等必须进行检疫，发现带有病原菌、害虫的材料要按检疫规定进行处理或销毁，尤其预防葡萄根瘤蚜等检疫性害虫的引入。

建立无病毒繁殖体系，选择无病毒苗木，防控葡萄病毒病发生。

2. **农业防治**　保持田间清洁，随时清除被病虫危害的病枝残叶、病果病穗，集中深埋或销毁，减少病源，减轻翌年的危害；及时清除杂草，铲除病虫生存环境和越冬场所。及时绑蔓、摘心、除副梢，改善架面通风透光条件，减轻病虫危害；加强肥水管理，增强树势，提高植株抵御病虫害的能力，多施有机肥，增施磷、钾肥，少用化学氮肥，可使葡萄植株生长健壮，减少病害。

3. **生物防治**　主要包括使用性诱剂、以菌治菌、以菌治虫、引入天敌等。生物防治对果树和人畜安全，不污染环境，不伤害天敌和有益生物，具有长期控制的效果。

4. **物理防治**　利用果树病原物及害虫对温度、光谱、声响等的特异性反应和耐受能力，杀死或驱避有害生物。

5. **化学防治**　应用化学农药控制病虫害发生仍然是目前防治葡萄病虫害的主要手段，也是综合防治不可缺少的重要组成部分，具有见效快、效果好、广谱、使用方便等优点；应根据发生规律、品种特点、气候类型、栽培模式等规范化学防治措施。

（二）葡萄主要病虫害发生规律及防治措施

葡萄病害有霜霉病、白粉病、黑痘病、炭疽病、酸腐病、白腐病、病毒病、根癌病、灰霉病、毛毡病等，其中以霜霉病、炭疽病、白腐病、灰霉病发生较重。葡萄虫害有蓟马、金龟、斑衣蜡蝉、绿盲蝽、透翅蛾、叶蝉、红蜘蛛、粉蚧等，其中绿盲蝽、蓟马、金龟常有发生，康氏粉蚧近两年有加重危害趋势。

1. **葡萄霜霉病** 葡萄霜霉病是世界和我国的第一大葡萄病害。发病主要与雨水有直接关系，雨水次数多、下雨持续时间长是最主要、最直接的发病和流行因素。低温（22～25 ℃）、高湿、通风不良有利发病。

葡萄霜霉病主要危害叶片，也侵害新梢和幼果等幼嫩组织。叶片被害，初生细小、边缘不清晰的淡黄色水渍状斑点，以后逐渐扩大为黄色或褐色不规则形或多角形病斑，病斑相连变成不规则大斑。天气潮湿时，叶片病斑背面、果实病斑、花序或果梗上产生白色霜状霉层是霜霉病最易识别的特征，发病严重时病叶焦枯、早落。

降低湿度和水分、减少病源的措施都可减轻葡萄霜霉病的发生。包括冬季收集病叶、病果、病梢等病组织残体，彻底烧毁，减少越冬菌源；避雨栽培，建立完善的排涝体系；田间管理（合理修整叶幕，通风透光性良好；夏季控制副梢量等）等。

葡萄霜霉病发病初期，一般先形成发病中心，要对发病中心重点防治，可人工摘除病叶，并根据地域和气候的情况，确定化学防治策略和重点。冬季雨雪比较多的地区，发芽后至开花前是重点防治时期之一；冬季干旱、春季雨水多，要注意花前、花后的防治；一般情况，应注意雨季、立秋前后的防治。雨季要进行规范防治，即10天左右使用1次杀菌剂，一般以保护性杀菌剂为主。保护性杀菌剂可选择25%嘧菌酯悬浮剂1 000～2 000倍液、30%吡唑·福美双悬浮剂800～1 000倍液、80%波尔多液可湿性粉剂300～400倍液、80%代森锰锌可湿性粉剂500～800倍液。在北方葡萄产区的立秋前后发现葡萄霜霉病时，应使用1～2次内吸性杀菌剂，注意内吸性杀菌剂与保护性杀菌剂混合或交替使用。内吸性杀菌剂可选择80%霜脲氰水分散粒剂8 000～10 000倍液、24%精甲霜灵·烯酰吗啉悬浮剂1 000～1 250倍液、40%烯酰吗啉悬浮剂1 600～2 400倍液、48%烯酰·霜脲氰悬浮剂2 000～3 000倍液、66.8%

丙森·缬霉威可湿性粉剂700～1 000倍液等。

2. **葡萄灰霉病** 又叫葡萄灰腐病，俗称“烂花穗”，是目前世界上发生比较严重的一种病害。

花序、幼果感病，先在花梗和小果梗或穗轴上产生淡褐色、水渍状病斑，空气潮湿时，病斑上可产生鼠灰色霉状物，导致果穗腐烂；空气干燥时，感病的花序、幼果逐渐失水、萎缩，然后干枯脱落，造成大量落花落果，严重时，可整穗落光。

新梢及幼叶感病，多在靠近叶脉处产生淡褐色或红褐色、不规则的病斑，叶片上有时出现不太明显的轮纹，后期空气潮湿时病斑上也会出现灰色霉层。果实感病后出现褐色凹陷病斑，扩展后，整个果实腐烂，最后长出灰色霉层，是贮藏和运输期间造成葡萄腐烂的主要病害。

葡萄灰霉病在低温高湿条件下易发生。春季葡萄花期，气温不太高，若遇连阴雨，空气湿度大常造成花穗腐烂脱落；另一个易发病期是果实成熟期，与果实糖分转化、水分增高、抗性降低有关。管理粗放、施磷钾肥不足及机械伤害、虫伤较多的葡萄园易发病，地势低洼、枝梢徒长、郁闭、通风透光不足的果园发病重。

果穗的紧密度、果皮的厚度等的不同决定了不同葡萄品种对灰霉病抗性不同，红地球、玫瑰香、葡萄园皇后、巨峰等品种都易感病。

减少枝蔓上的枝条数量、摘除果穗周围的叶片以增加通透性、减少液态肥料喷淋，对防治葡萄灰霉病有显著效果。保护性杀菌剂可选用43%腐霉利悬浮剂600～1 000倍液、50%异菌脲可湿性粉剂750～1 000倍液或异菌脲（500克/升）悬浮剂750～850倍液；内吸性杀菌剂可选用0.3%苦参碱水剂600～800倍液、50%啶酰菌胺水分散粒剂500～1 500倍液、40%嘧霉胺悬浮剂1 000～1 500倍液。

贮藏期间防治葡萄灰霉病可用二氧化硫气体熏蒸。

3. **葡萄炭疽病** 也称葡萄晚腐病，主要在成熟期或成熟后危害葡萄。葡萄炭疽病主要危害果实，也侵害果梗、穗轴。果梗及穗轴发病，产生暗褐色、长圆形的凹陷病斑，严重时全穗果粒干枯或脱落。幼果期的得病果粒出现黑褐色、蝇粪状病斑，但基本看不到发展。成熟期的果实得病后，先在果面产生针头大的褐色、圆形小斑点，以后病斑扩大并凹陷，表面逐渐生长出轮纹状排列的小黑点，天气潮湿时小黑点变为肉红色小红点，为炭疽病的典型症状；严重时，病斑扩展到整个果面，果粒软腐脱落，或逐渐干缩形成僵果。

一般情况下，在经常发生炭疽病的葡萄园，去年的枝条、卷须、叶柄、病果穗和病果粒，是下一年病原菌的来源；另外，水分也是炭疽病发病的影响因子，病害的发生与降雨关系密切，降雨早，发病也早，多雨的年份发病重。

不同葡萄品种抗性不同，果皮薄的品种发病较严重。意大利、巨峰等品种抗性中等；无核白、白牛奶、无核白鸡心、葡萄园皇后、玫瑰香、龙眼等品种比较敏感。

将修剪下的枝条、卷须、叶片、病穗和病粒，清理出果园，统一处理，减少田间越冬的病菌数量，是防治炭疽病的第一个关键；在搞好田间卫生的基础上，花前、花后规范施用保护性杀菌剂，尤其是开花前后有雨水的葡萄种植区；对于套袋栽培的葡萄，套袋前对果穗进行处理。保护性杀菌剂可选用29%戊唑·嘧菌酯悬浮剂2 000～2 500倍液、80%代森锰锌可湿性粉剂500～800倍液、80%波尔多液可湿性粉剂300～400倍液；内吸性杀菌剂可选用10%苯醚甲环唑水分散粒剂800～1 300倍液、43%硅唑·咪鲜胺水乳剂1 500～2 000倍液、20%抑霉唑水乳剂800～1 200倍液等。

4. **葡萄白腐病**　又称葡萄腐烂病，是葡萄生长期引起果实腐烂的主要病害，白腐病的流行或大发生会造成果实20%～80%的损失。冰雹或雨后长时间高温高湿的条件，易引发白腐病流行。

白腐病主要危害果实、穗轴、枝蔓和叶片。果梗和穗轴先发病，产生淡褐色、不规则的水渍状病斑，很快蔓延至果粒，果粒变褐软烂，并出现褐色小脓包状突起，在表皮下形成小粒点，使果粒发白，故称白腐病。枝蔓发病多在受伤的部位，主要发生在当年未木质化的新蔓，初期显溃疡性病斑，以后密生略为突起的灰白色小

粒点，后期病斑干枯、撕裂，皮层与木质部分离，纵裂成麻丝状，病部两端变粗，严重时病蔓易折断，或造成病部上部枝叶枯死。

由于白腐病菌从伤口侵入，一切造成伤口的条件都有利于发病。如冰雹、风害、虫害，以及摘心、疏果等农事操作，均可造成伤口，有利于病菌侵入，特别是冰雹、暴风雨后常会引起白腐病的盛行。

果穗的部位与发病也有很大的关系。据调查，有80%的病穗为距地面40厘米以下的果穗，其中20厘米以下的又占60%以上。这是由于接近地面的果穗易受越冬后病菌的侵染，同时下部通风透光差、湿度大，容易诱发病害。

开花前后用药以波尔多液等保护剂为主，可选80%代森锰锌可湿性粉剂500～800倍液、78%波尔·锰锌可湿性粉剂500～600倍液、嘧菌酯（250克/升）悬浮剂830～1 250倍液。以后根据病情及天气情况用药。第一次喷药应掌握在病害的始发期，一般在6月中旬开始，以后每隔7～10天喷1次，连续喷3～5次，直至采果前15～20天停止；可选用50%福美双可湿性粉剂500～1 000倍液、50%异菌脲可湿性粉剂750～1 000倍液、30%醚菌酯悬浮剂2 200～3 200倍液等。如果喷药后遇雨，应于雨后及时补喷。

冰雹、暴风雨天气后，把病穗、病粒、病枝蔓、病叶清出果园，集中处理，是防治白腐病的关键。一般冰雹后12小时内施用保护性杀菌剂50%福美双可湿性粉剂500～1 000倍液，18小时后施用保护性杀菌剂＋内吸性药剂，如50%福美双可湿性粉剂500～1 000倍液＋10%氟硅唑水分散粒剂2 000～2 500倍液。还可以处理带病原菌的土壤，减少白腐病的发生，施用50%福美双可湿性粉剂，即用1份福美双配20～50份细土，搅拌均匀后，均匀撒在葡萄园地表，或在葡萄植株周围重点施用。

5. 葡萄白粉病　我国很多葡萄种植区都有白粉病，雨水对白粉病发生不利，生长季节雨水多的地区，白粉病不易发生和流行；雨水较少的新疆、甘肃、宁夏、河北北部的干旱区等地白粉病发生更普遍、危害比较严重。避雨栽培、设施栽培的葡萄以及生长季节干旱的葡萄种植区有利于白粉病的发生和流行。

白粉病可以侵染叶片、枝蔓、果实等所有绿色部分，幼嫩组织受害较重。受害的叶片正面出现灰白色、边缘不明显的“油性”病斑，病斑上有灰白色的粉状物，严重时叶片背面也覆盖有灰白色的粉状物，叶片卷缩、枯萎，而后脱落。穗轴、果梗和枝条发病，出现不规则的褐色或黑褐色斑，表面覆盖白色粉状物。受害的花序轴、穗轴、果梗变脆易断，枝条不能老熟。幼果或含糖量低于8%的果实对白粉病敏感，果实发病时，表面产生灰白色粉状霉层，霉层下有褐色或紫褐色的网状花纹。小幼果受害，果实不易生长，易落果；大幼果得病，容易变硬、畸形、纵向开裂；转色期的果粒得病，糖分积累困难，味酸，易开裂。

及时清理病芽、病梢、病果等发病组织是防治白粉病的基础。开花前后，结合其他病虫害的防治使用药剂，控制白粉病流行的病菌数量，是控制白粉病流行的关键时期。果实发育期要严格监测，发现白粉病危害要及时采取措施。

硫制剂包括石硫合剂、硫黄粉剂或水分散粒剂等，对葡萄白粉病有很好的治疗效果；也可用50%福美双可湿性粉剂500～1 000倍液作为保护性杀菌剂；其他内吸性杀菌剂还有25%己唑醇悬浮剂8 350～11 000倍液、24%苯甲·吡唑酯悬浮剂900～1 500倍液。花后幼果期施用10%苯醚甲环唑水分散粒剂800～1 300倍液，可以兼治葡萄炭疽病、白腐病，对幼果安全，正常使用不会抑制生长。

6. **葡萄根癌病** 该病是由根癌土壤杆菌引起的一种世界性病害，危害多种植物，是我国葡萄上发现的唯一细菌性病害。

根癌病菌侵染葡萄后，主要在葡萄的根部或在靠近地面的枝蔓，形成大小不一的肿瘤（彩图34），初期幼嫩，后期木质化，严重时整个主根变成一个大瘤子。病树树势弱，生长迟缓，产量降低，寿命缩短，重茬苗圃发病率在20%～100%，有的甚至造成全园毁灭。

对葡萄根癌病植株目前没有有效的化学药剂防治方法，主要以

预防为主。减少伤口和保护伤口是最好的防治方法，主要是防止早期落叶、保障枝条的充分成熟和营养的充分贮藏，做好冬季的防寒措施以减少冻害。此外，栽培上要尽量减少伤口，还可以使用化学制剂或生物制剂保护伤口。

对于没有根癌病的地区和地块，苗木引进要经过严格检验检疫，不要从有根癌病的地区或苗圃引进苗木，并在种植前进行消毒处理。消毒的方法有：100 倍硫酸铜水，加热到 52～54 ℃，浸泡苗木 5 分钟；或 52～54 ℃的清水浸泡苗木 5 分钟，然后用 200 倍波尔多液涮一下整株苗木。使用溴甲烷熏蒸等措施进行土壤消毒也是非常有效的方法，但成本比较高。

7. **葡萄酸腐病**　该病由真菌、细菌和醋蝇联合危害，首先是伤口的存在，成为真菌和细菌存活和繁殖的初始因素，并且引诱醋蝇来产卵，醋蝇爬行、产卵的过程中又传播细菌。2000 年在北京、山东、河北、河南、天津等地区普遍发生，有的葡萄园损失达 80%以上，2004 年部分葡萄园甚至全军覆没。美人指品种受害最为严重，其次为里扎马特、赤霞珠，白牛奶（张家口的怀来、涿鹿、宣化）等，受害也比较严重，红地球、龙眼等较抗病。近几年葡萄酸腐病在我国已成为葡萄成熟期的重要病害，且有进一步发展的趋势，需引起高度重视。

葡萄酸腐病的主要症状有以下几点：一是烂果，即发现有腐烂的果粒，如果是套袋葡萄，在果袋的下方会有一片深色的湿润（习惯称为“尿袋”）；二是有类似于粉红色的小蝇子（醋蝇，长 4 毫米左右）出现在烂果穗周围；三是有醋酸味；四是在烂果内可以看到白色的小蛆；五是果粒腐烂后，腐烂的汁液流出，会造成汁液流过的果实、果梗、穗轴等处腐烂；六是果粒腐烂后干枯，干枯的果粒只剩果实的果皮和种子。

引起酸腐病的真菌是酵母菌，在空气中普遍存在，另一个病原菌是醋酸菌。酵母菌把糖转化为乙醇，醋酸菌把乙醇氧化为乙酸，乙酸的气味引诱醋蝇，醋蝇、蛆在产卵、取食过程中接触细菌，从而成为病原细菌的携带者和传播者。

品种的混合栽植，尤其是不同成熟期的品种混合种植，易加剧酸腐病的发生。酸腐病是成熟期病害，早熟品种的成熟和发病为醋蝇数量的增加和两种病原菌的积累创造了条件，从而导致晚熟品种酸腐病的大发生。

从栽培角度防治酸腐病的措施有：合理密植，合理留叶量，增加果园的通透性；成熟期尽量避免灌溉；合理施用肥料，尤其避免过量施用氮肥；尽量不施用激素类药物；避免果皮伤害和裂果；使用果穗拉长技术，避免果穗过紧。

成熟期的药剂防治是防治酸腐病的重要途径。目前推荐波尔多液和杀虫剂配合使用。转色期前后使用1～3次80%波尔多液可湿性粉剂300～400倍液，10～15天用1次；杀虫剂可选择40%辛硫磷乳油1 000～2 000倍液。

发现酸腐病要立即进行紧急处理：剪除病果粒，用4.5%高效氯氰菊酯乳油1 500～1 800倍液涮病果穗。对于套袋葡萄，处理果穗后套新袋，而后整体果园立即喷1次触杀性杀虫剂。

8. **绿盲蝽**　又名花叶虫。以成虫、若虫刺吸危害葡萄的幼芽、嫩叶、花蕾和幼果，造成危害部位细胞坏死或畸形生长（彩图35）。被害的葡萄嫩叶先出现枯死小点，随后小点变成不规则孔洞，俗称“破叶疯”；花蕾受害后即停止发育，枯萎脱落；受害的幼果表面先有不很明显的黄褐色小斑点，随果粒生长，小斑点逐渐扩大，呈黑色，受害皮下组织发育受阻，渐趋凹陷，严重的受害部位发生龟裂。

主要以卵在树皮内、芽眼间、枯枝断面及杂草或浅层土壤中越冬。翌年日均气温在10 ℃以上时孵化为若虫，即在杂草露绿时便开始孵化，随后出现成虫。1年发生3～5代，世代重叠现象严重，1、2代为主要危害代。因其主要危害幼嫩组织，此期正值葡萄萌芽、展叶、花序发育时期，葡萄幼嫩组织较多，因此受害较重。成虫飞翔能力强，若虫白天潜伏，不易被发现，主要于清晨和傍晚在芽、嫩叶及幼果上刺吸危害。卵多产于幼芽、嫩叶、花蕾和幼果等幼嫩组织内，但越冬卵大多产于枯枝、干草等处。

清除葡萄枝蔓上的老粗皮、葡萄园的枯枝和杂草等虫卵越冬场所。每4公顷果园悬挂1台杀虫灯，利用成虫的趋光性进行诱杀。早春葡萄发芽前，全树喷施1遍3波美度的石硫合剂，消灭越冬卵及初孵若虫。越冬卵孵化后，抓住越冬代低龄若虫期，适时进行药剂防治。常用药剂有吡虫啉、啶虫脒、马拉硫磷、溴氰菊酯、高效氯氰菊酯等，连喷2～3次，每次间隔7～10天。

9. 白星花金龟　以成虫取食葡萄幼叶、芽、花和果实，花期和成熟期是两个重要危害时期，造成大量落花和果实腐烂，严重影响葡萄产量和品质。

1年发生1代，以幼虫在土中越冬。成虫5月出现，有假死性、趋化性、趋腐性、群聚性，没有趋光性。危害盛期在6—8月，可昼夜取食活动，主要危害有伤痕的或过熟的葡萄果实。成虫产卵于含腐殖质多的土中或堆肥和腐物堆中。成虫白天群聚危害果实时，可进行人工捕杀。根据白星花金龟成虫对糖醋液趋性强的特点，可利用糖醋液（糖：醋：水=1：2：3）诱集成虫，也可用腐烂的果实诱杀。在白星花金龟成虫危害盛期，可用40%辛硫磷乳油1 000～2 000倍液、20%甲氰菊酯乳油2 000～3 000倍液等药剂喷雾防治。

10. 康氏粉蚧　以雌成虫和若虫刺吸葡萄幼芽、嫩叶、果实和枝干汁液。嫩梢受害后常肿胀，严重时树皮纵裂而枯死，果实受害会变畸形，出现黑点、黑斑，该虫在果实、叶片、枝条上排泄的蜜露常产生杂菌污染，形似黑煤粉覆盖，生产上俗称“煤污病”，使葡萄果实失去商品价值，严重影响优质葡萄生产。

康氏粉蚧一年发生3代，主要以卵在树干、主枝等老皮缝隙或土缝中越冬。葡萄发芽后越冬卵孵化，危害枝叶等幼嫩部分，第一代若虫盛发期在5月，主要危害枝干；6月中旬至7月上旬成长为成虫，并交尾产卵；第二代若虫7月上中旬孵化，8月上中旬变为成虫，并产卵；第三代若虫8月中旬孵化，9月下旬变为成虫并产卵越冬；第二、三代若虫主要危害果实。若虫到雌成虫发育期为35～50天，雌虫取食一段时间爬到树干粗皮裂缝、树叶下、枝杈处或果梗洼处产卵，有的雌虫落到地面钻入土中产卵。

冬季葡萄休眠期，主蔓上如果有裂皮，用硬毛刷全部清除，消灭越冬卵囊集中烧毁，降低越冬基数。春天葡萄出土后，马上喷1遍5波美度石硫合剂，发生严重的葡萄园在芽即将萌动时再喷1遍0.1～0.5波美度的石硫合剂。开花前第一代若虫孵出后喷布25%噻虫嗪水分散粒剂4 000～5 000倍液或10%高效氯氟氰菊酯水乳剂12 000～16 000倍液；同时注意在7月上中旬第二代若虫、8月中旬第三代若虫孵化期的防治。

康氏粉蚧若虫、成虫均可通过袋口进入果袋危害果实，由于果袋的屏障，农药无法与虫体接触，致使康氏粉蚧发生加重。因此，要注意在套袋前将康氏粉蚧杀灭，如套袋后仍危害，则需摘袋喷药。

11. 蓟马 该虫在我国各葡萄产区均有分布，寄主广泛，危害葡萄等多种植物。以若虫和成虫锉吸葡萄幼果、嫩叶、枝蔓和新梢的汁液进行危害。幼果受害初期，果面上出现纵向黑斑，果粒呈黑色；后期果面形成纵向木栓化锈斑，严重时引起裂果，降低果实的商品价值。叶片受害后先出现褪绿黄斑，后发生卷曲、干枯或穿孔。

蓟马成虫体长0.8～1.5毫米，若虫更小。一年发生6～10代，多以成虫和若虫在葡萄、杂草和死株上越冬，少数以蛹在土中越冬。第二年春季，葱、蒜返青时开始活动、危害，一段时间后，便飞到果树、棉花等作物上危害繁殖。在葡萄初花期开始发现有蓟马危害的症状，6—8月，几种虫态同时危害花蕾和果实。9月虫口减少，10月早霜来临之前，大量蓟马迁往果园附近的葱、蒜、白菜、萝卜等蔬菜上危害。

初秋和早春集中消灭在葱、蒜上危害的蓟马，以减少虫源。蓟马危害严重的葡萄园需要药剂防治，喷药的关键期应是开花前1～2天或初花期。可使用的药剂有吡虫啉、高效氯氟氰菊酯等。保护、利用小花蝽和姬猎蝽等天敌，对蓟马发生有一定的控制作用。

12. 透翅蛾 该虫以初孵幼虫从叶柄基部蛀入嫩梢，使嫩梢枯

死。幼虫长大后转移到较为粗大的枝蔓蛀食，蛀孔外有褐色粒状虫粪，被害处肿大或呈瘤状，其上部叶片变黄脱落，枝蔓易折断干枯，严重者全株死亡。主枝受害后会造成大量落果，失去经济效益。

1 年发生 1 代，以老熟幼虫在葡萄枝蔓内越冬。翌年 4 月底 5 月初，越冬幼虫开始化蛹，5—6 月成虫羽化、产卵，卵期 10 天。在 7 月上旬之前，初孵幼虫在当年生的枝蔓内危害；7 月中旬至 9 月下旬，幼虫多在二年生以上的老蔓中危害。10 月以后幼虫进入老熟阶段，继续向植株老蔓和主干集中，在其中往返蛀食髓部及木质部内层，使孔道加宽，并刺激受害处膨大成瘤，形成越冬室，之后老熟幼虫便进入越冬阶段。

从 6 月上中旬起经常观察叶柄和叶腋处有无黄色细末物排出，如有发现，用脱脂棉蘸烟头浸出液或 50％杀螟硫磷乳油 10 倍液涂抹。在卵孵化高峰期，可喷施辛硫磷、高效氯氰菊酯等药剂，即能消除葡萄透翅蛾的危害。

第五章

葡萄周年精细管理技术

一、1月葡萄的精细管理

1月葡萄处于休眠期，是一年中气温最低的月，此期河北省中南部地区平均最低气温-5.8℃，平均最高气温3.6℃，平均气温-1.8℃，降水量4.1毫米。该月主要任务是保证埋土防寒效果，使葡萄树体免受低温等伤害，安全越冬，同时应进行全年生产计划安排。

（一）越冬防寒情况巡查

北方地区冬季寒冷，但葡萄如果覆盖20厘米以上土壤，一般可顺利越过冬季。一方面覆土保证枝蔓所处环境温度不低至-8℃或更低温度，免受冻害，同时土壤温度相对稳定，昼夜温差较小，升降温缓慢，即使气温日变化剧烈时，地温也相对稳定，有利于葡萄顺利通过自然休眠，在被迫休眠期间也不会因气温的突然升降而减弱抗寒力；另一方面，覆土起到很好的保湿作用，防止枝蔓失水抽干。

近年来，随着暖冬的不断出现，加之冬季雨雪减少，葡萄埋土土层常因风蚀、动物洞穴等原因流失，导致葡萄枝蔓裸露，或埋土层跑风漏气造成枝蔓受冻或抽干，轻者出现萌芽不整齐或不萌芽的现象，重者导致植株死亡。

因此，应每半月到田间进行葡萄埋土防寒效果巡查，发现有枝蔓、根系裸露现象，及时进行修整或覆盖。

（二）年度生产计划安排

对上一年的生产记录进行整理，结合树体生长、枝蔓成熟、果实产量和品质、病虫害发生情况，判断上一年生产技术措施的效果，同时预测本年度主要问题，为制定年度生产计划提供依据。

对于计划新植建园的，应重点考虑园地的选择与规划，苗木的种类、品种、数量及来源，建园所需架材，苗木栽植所需物资设备，幼苗生长期生产资料等。

对于幼龄葡萄园，应重点考虑架形选择，明确整枝方式，促进枝梢有序生长，计划目标产量，协调结果与树形构建关系，以利早日实现向盛果期转化。

对于成龄葡萄园，应重点考虑上一年生产中出现的主要问题，制定有效措施，计划生产资料，争取在本年度予以解决或减轻影响。要根据上一年树体生长、结实状况，计划本年度留果量，以实现优质果品生产，为创造高效益打下基础，同时保证树体营养生长健壮，最大限度延长盛果期。

对于老、旧葡萄园，应首先考虑正确评价该园投入与产出比，对仍有一定存在价值的园片，针对上一年存在的主要问题，制定相应计划措施加以解决，计划生产资料配备，适当延长果园经济寿命。对园貌不齐，果实产量低、品质劣，经济效益差的园片，应及时淘汰更新。

二、2 月葡萄的精细管理

进入 2 月以后，气温逐渐回升，已度过一年中气温最低的阶段。此时葡萄已通过自然休眠，但由于外界气温仍较低，葡萄枝芽处于被迫休眠状态，田间农事活动仍以保证葡萄安全越冬为主，要及时检查防寒状况。对于新植葡萄园，做好园址选择、园地规划与设计等工作。

（一）葡萄园址的选择

葡萄是多年生植物，建园后经济寿命少则十几年，多则几十年甚至上百年，显而易见，如果建园选址不当，将会造成持久影响和重大损失。因此，葡萄园址的选择至关重要，关系到葡萄树体生长及结果状况、管理程度、经济效益，甚至经营成败。

1. **市场需求** 决定在某一地区建立葡萄园之前，首先应对拟建园的葡萄品种目标市场有清晰的认识。要了解市场上哪些葡萄品种畅销、哪些葡萄品种效益好，从而选择适合这些品种生长、结实的区域建园，实现品种区域化栽培。要了解一年中哪些品种在何时效益好，从而选择不同的栽培模式，实现高效栽培。总之，应以市场为导向，明确定位，以省工、省力、安全、高效为出发点，综合考虑消费者的消费习惯和消费水平以及市场的多元化来设计规划葡萄园。

2. **立地条件** 葡萄生长结果状况受自然条件影响极大，主要有温度、光照、降水、土壤、大气环境等，其中影响最大的是温度和光照。建园前，应对当地的气候条件进行详细调查，如日均温、年积温、年均降水量及分布、极端最低和最高温度、霜冻、大风及其他灾害性天气的发生情况等。葡萄抗寒性较弱，在冬季寒冷地区建园应考虑具备埋土防寒条件或使用抗寒砧木；在南方冬季偏暖地区，应考虑休眠期温度是否可满足葡萄需冷量，否则易出现不能完全解除自然休眠、发芽不整齐等现象。另外，葡萄浆果成熟需要一定的有效积温，早、中、晚熟品种对有效积温的要求不同，如果栽培区域有效积温不能满足葡萄品种要求，则浆果成熟缓慢或根本不能成熟，着色不良，品质差，新梢不充实，抗寒越冬性能降低。

葡萄为喜光植物，光照充足时，葡萄生长发育正常，产量高、品质好，树体健壮，因此葡萄园地应有良好的光照、通风条件。

葡萄建园可考虑利用当地的小气候，因势利导，克服或削弱不利因素。如在多雨、潮湿地区，宜选择山坡地或排水、通风良好的

地块；在生长季热量不足或成熟期气温低的地区，选择南坡、西南坡可以显著改善园区温度；气候炎热的地区，可在海拔较高的地方建园。综合考虑园址的条件后，再确定本地区适宜栽植的葡萄品种。

葡萄对土壤的适应性很强，平地、山地、河滩地和坡地都可用于建立葡萄园。红壤、黄壤、沙壤或黑钙土均可栽培葡萄，但以有机质丰富、疏松肥沃的沙壤土、轻壤土和中壤土较为适宜。对于不太适宜葡萄生长的土壤如黏土、盐碱土和砾石土等经改良亦可用于建园，只要改良措施得当，管理有方，在经过改良的土壤上栽植葡萄，同样也能达到早产、稳产、优质。

由于葡萄生长量大，产量高，在生长季需要大量水分，因此葡萄园最好建有灌溉系统。而土壤长期积水，会影响葡萄根系生长，因此低洼易涝、排水不良的地段不宜栽培葡萄。

风沙大的地方建葡萄园要建防风林。防风林离葡萄园 10～15 米，以免遮阴影响葡萄生长。

（二）葡萄园地规划设计

选好园地后，应进行细致规划，绘制出葡萄园整体规划图。主要包括：种植区域划分，行向与株行距设计，架式、整枝方式确定；道路系统规划；灌、排水系统设计；防护林设置；办公室、仓库规划等。

葡萄栽植密度因栽植区域气候条件、土肥水条件、品种、架式、整枝方式和管理方式的不同而不同。一般在冬季寒冷地区，因冬季埋土防寒时需从行间取土，而冬季气温越低，防寒土堆的宽度要求越宽，取土量越大，葡萄栽培行距应相应增大；采用棚架栽培要求的行距较篱架栽培大，大形整枝要求的株行距较龙干形整枝大；生长势强的品种株行距宜稍大；如果葡萄园中计划使用大型农机具等，则需适当增大行距。

（三）品种选择

品种的选择应考虑以下几方面。

1. **市场需求**　葡萄生产的主要目的是满足市场需求，获得较高的经济效益。果品的出路好坏及价格高低是葡萄栽培成败的关键，选择哪些品种应是在充分的市场调研基础上决定的。选择鲜食葡萄品种应主要考虑色、香、味、形等外观和内在品质，还要兼顾当地消费者的习惯爱好，并进行早、中、晚熟品种合理搭配，以排开成熟期供应市场，也可解决劳动力过分集中使用的问题。选择酿酒品种应取决于葡萄酒厂产品的类型，不同类型的产品要求的品种不同，一般应具有一定糖度、酸度、香味、色泽，出汁率高，酒质醇厚。制汁葡萄要求糖度高，出汁率高。制罐品种宜用肉脆、味甜、不易裂果的大粒品种。制干葡萄则最好选择无核品种。

2. **品种区域化**　任何优良品种都有其最佳种植区域，要做到适地适栽，必须全面了解所选品种的原产地和生态适应范围、品种抗性、丰产性以及果实品质等，充分发挥当地的生态优势和品种的生产优势，把葡萄品种栽培在最能充分发挥其优良特性的适宜地区。选择最适合当地栽培的优良品种进行区域化、良种化种植是葡萄生产集约化和现代化的必然趋势。

3. **品种的生物学特性和气候条件**　气候条件主要考虑降水和温度，尤其是当地葡萄成熟季节的降水量。夏秋降水量适中或较少的地区，适合生产欧亚种葡萄；高温多雨地区，应以欧美杂交种为主。生长季节长的地区，早、中、晚熟品种均可选择；积温较低的地区一般情况下只适宜栽种中、早熟品种。

最好选择当地原产或试种成功、栽培历史较长、经济性状好的品种。如果引入新品种，应考察后选择其生物学特性与栽植地的环境条件差异小的葡萄品种。

4. **当地经济实力与栽培技术水平**　在经济实力强、栽培技术水平较高的产区，可利用各种方式排除不利因素，创造适宜葡萄生长的条件，栽培符合市场需求的优质、高效益葡萄品种。如采用设施栽培、避雨栽培、限根栽培等模式，几乎可在任何地区栽培优良葡萄品种。

（四）土壤改良

土壤改良最好在建园前就开始，在建园后也要经常进行。对于过分黏重板结的土壤，可以增施有机肥及掺沙改良土壤；瘠薄的沙荒地，保肥、保水力差，可通过多施有机肥及土壤掺黏土来改良。土壤 pH 过大或过小会引起葡萄植株生长不良，酸性过大的土壤可增施有机肥以及用石灰中和；盐碱地要增施有机肥改良土壤，并定期灌水来排盐洗碱。

在以前种过葡萄或未开垦的土地上建园，要先清除葡萄或树木的残根，然后进行土壤消毒，以杀死可传播葡萄病毒的线虫及其他致病菌。消毒的方法是向土壤施用二氯丙烯，用量为 300～600 升/公顷，深翻 20～40 厘米。为便于灌溉和排水，以利于株行的配置、提高耕作效率、减免土壤冲刷等，应平整土地。

葡萄栽植前要进行深耕翻土，可以保水、疏松土壤、提高土壤肥力、扩大根系分布范围，还可以去除前茬作物的残根，翻耕的深度通常为 60～100 厘米。但若土壤中有砾石层，底土多石或为钙质土、黏土，将其上翻会适得其反，只有当底土和表土构成较为一致，或底土可以改良表土时适宜深耕翻土，否则应只进行深耕，避免把底土翻到上面来；地下水位高的地段，翻耕也不宜过深。

（五）设立支架

建立葡萄架是葡萄建园的一项主要基础工作。葡萄支架由支柱、横梁、铁丝和锚石组成。

1. 架材　支柱是葡萄架的骨干，要坚固耐用，以水泥柱和木柱应用较多，石材多的地区，也可用石柱。木柱以硬木质树种较好，如柞树、槐树、柳杉、榆树等，一般柱长 2.5～3.0 米、粗 12～15 厘米。为防止腐烂，延长寿命，可采用涂抹沥青等方法进行防腐处理。水泥柱是应用最普遍的架材，一般长 2.2～2.7 米、宽 10～15 厘米、厚 8～12 厘米，内置铁筋。

用于棚架上的横梁是横跨支柱而形成架面的骨干，材料多用木杆、水泥杆、钢管等，或用钢筋代替。

铁丝是连接立柱和构成葡萄架面的主要材料，按一定架面空间拉引铁丝，将葡萄枝蔓引缚于铁丝上。一般选用 8 号、10 号、12 号的镀锌铁丝。为了保证架面稳固，边柱的拉线应绑在锚石上深埋，也可同时在内侧用斜支柱顶上，增强抗拉力。

2. **葡萄架建立** 葡萄架面根据不同的架式而建，必须坚固耐用。建篱架时，柱间距 4～6 米，立柱距葡萄定植点 30～50 厘米。边柱可向外倾斜，同时用拉线加锚石向外拉紧加固，抵消架内的拉力。建棚架时，立柱距葡萄定植行 0.5～1.0 米，沿行向每隔 4～6 米设 1 个立柱，然后再在葡萄行向每隔 3～5 米设 1 排较高的支柱，架上倾斜横梁，横梁上每隔 0.5 米左右拉 1 道铁丝。注意，为使架面牢固，横梁的跨度不宜过大，一般以 4 米为宜，跨度大的中间需设支柱。边柱的设置基本同篱架，但需在相对应的边柱架设横梁或根据铁丝间距大小埋设边柱。

三、3 月葡萄的精细管理

进入 3 月，气温进一步回升，同时地温也不断升高，华北及以南地区土壤逐渐解冻。葡萄树体从外观上看，没有生长迹象，但树体内部却已开始进行旺盛的生理代谢活动，尤其是根系的活动非常旺盛，一般葡萄根系在 6 ℃左右时开始活动，吸收水分和养分。葡萄在春季根压较高，加上葡萄根和茎组织中导管大，此时若对枝蔓进行修剪或枝蔓受到损伤形成伤口，从剪口或伤口处会流出透明的液体，称为伤流。

伤流量与品种特性和土壤湿度关系较为密切，通常土壤湿度大时，伤流量较大，土壤干燥时，伤流量较小或无伤流。剪口下的芽眼受到伤流液浸泡，会造成萌芽延迟并引起发霉及病害，应避免在伤流期造成伤口。

随着葡萄冬芽萌发，新梢生长产生大量叶片，水分通过叶片蒸发散出，根压降低，伤流现象逐渐消失。

（一）葡萄出土上架

1. 出土时间　在冬季埋土防寒地区，葡萄在树液开始流动至萌芽前必须及时去除防寒土，修整好葡萄栽植畦面，将葡萄枝蔓引缚上架，恢复树形结构。出土时间十分重要，因我国北方春季多干旱、大风，气温回升较地温回升快，出土过早，枝芽易失水抽干，萌芽率低；出土过晚，则芽在土中萌发，出土上架时容易被碰掉，另外在土中萌发的芽常表现黄化、娇嫩，出土上架后易受风吹日灼之害，生长不良，影响日后生长和结实。

葡萄出土时间可以参考历年的栽培经验来确定，但由于每年春季气候变化有所不同，具体出土时间应随之调整。一般可用某些果树的物候期作为指示植物来判定，通常以当地山桃初花期或杏等栽培品种的花蕾膨大期作为开始撤去葡萄防寒物的时间。美洲种及欧美杂种的芽眼萌发较欧洲种早，出土日期应相应提早4～6天。

2. 出土与上架　通常葡萄枝蔓经捆扎后沿架形方向埋于土壤中，撤除防寒土时应先从土堆两侧撤土，再扒去枝蔓上部的覆盖物，直至露出葡萄枝蔓为止，靠近枝蔓部位时应小心不要伤及枝芽，以免造成伤口，防止伤流发生。撤除防寒物后要及时修整畦面。

枝蔓出土后，可将其在地面上放置几天，待芽眼开始萌动时再把枝蔓上架，这样有利于芽眼萌发整齐。

支架、铁丝由于受上年枝蔓、果实或风雨等损害，每年葡萄出土上架前应进行修整，用牵引锚石或边撑将边柱扶正或撑正，对倾斜松动的立柱进行扶正加固，补设锈断铁丝，扎紧铁丝，提高架面牢固性和抗拉强度。

枝蔓上架时应根据原架式进行操作，以恢复原貌为主，同时可适当调整，枝蔓布局要合理，尽量使架面均匀分布，最大限度利用空间和光能。

（二）土肥水管理

1. 土壤管理　土壤管理是葡萄园生产管理的基础，是优质、高效生产的保障。土壤管理的目标是为葡萄根系创造良好的生长环境，提供充足的养分、水分和良好的通气等条件，促进根系生长发育。有效的土壤管理措施可以改善土壤结构，增加土壤有机质含量，提高土壤肥力，防除杂草，有利田间机械化操作等。葡萄园土壤管理制度主要有以下几种。

(1) 清耕法 又称耕后休闲法，是指在果园内全年只进行中耕松土除草，使土壤保持疏松无杂草状态，不种植任何间作物。

这种管理方式的优点是控制杂草生长，减少对土壤中水分、养分的消耗。中耕可切断土壤毛细管，减少地面水分蒸发散失，有利土壤保墒。地面没有杂草，通风良好，有利土壤气体交换。春季松土，可使土壤增温快，有利根系早期活动；夏、秋季松土，可以减少雨后表土板结，有利透气。常年中耕除草松土，由于土壤透气性好，有利土壤好氧微生物活动，土壤有机质和腐殖质矿化作用加强，分解加速，土壤有效养分释放较多，有利葡萄根系吸收。但长期采用清耕法，会破坏土壤的团粒结构，恶化土壤理化性质，易使土壤有机质迅速减少，如不及时补充，最后导致土壤肥力下降。在山地和丘陵地，清耕常造成水土流失和风蚀，应与其他土壤管理方法结合应用。

早春葡萄萌芽前，视情况对全园进行浅翻耕，深度一般15～20厘米，可提高土温，促进发根和养分吸收。

(2) 地膜（布）覆盖 在园地进行地面覆盖地膜或园艺地布，可提高地温、减少地面水分蒸发、防止水土流失、减少和防止杂草发生、减少病虫害发生等。

白天阳光透过地膜，土壤吸收太阳能而地温升高，同时地膜阻挡地面热量向膜外辐射散失，地温较不覆膜温度高，可促使根系提前活动生长。

地膜覆盖后的土壤水分蒸发只能存在于地表与薄膜之间，蒸发出的水分在膜面遇冷即凝结成水珠重新归还土壤，减少其散失到大气中的量，因此，地膜覆盖能较长时间保持土壤湿度，土壤水分变化较为稳定，可减少浇水次数，尤其是早春，可避免因频繁浇水带

来的土壤温度低问题，有利根系生长和吸收营养。

覆膜可促进土壤养分分解和土壤有机质矿化，提高土壤肥力。覆膜后，由于土壤温度增高，湿度稳定，微生物活动旺盛，有机质分解加快，土壤中可给态养分比不覆膜显著增加，尤其是土壤中的硝态氮含量显著增加，有利于早春葡萄生长。

覆膜具有防除杂草的作用。覆盖的地膜与土壤表面形成密闭空间，且白天有阳光时温度较高，可达 60 ℃以上，可使萌发的杂草死亡。特别是覆盖黑色膜，长出的杂草会黄化，除草效果更佳。

覆膜可减少病虫害发生。许多病菌可在土壤中越冬，如白腐病、霜霉病的病菌，地膜可以有效阻隔土壤中的病菌孢子借雨水飞溅传播到植株上，从而减少了病害的发生。利用银灰色膜可驱避蚜虫，减轻病毒病的传播。

园艺地布也称“防草布”“地面编织膜”等，是由聚丙烯或聚乙烯材料的窄条编织而成，颜色有黑色和白色，生产上多采用黑色。园艺地布于 20 世纪 80 年代开始出现，广泛应用于园艺领域，原主要用于温室中，起地面防草、保持整洁的作用，现广泛应用于露地栽培。其主要作用是增大土壤水分蒸发阻力，有效抑制土壤水分的无效蒸发，保墒效果与地膜相当；可以阻止阳光对地面的直接照射（特别是黑色地布），同时阻止杂草穿过地布，从而抑制杂草生长，具有一定除草作用。

(3) 生草法　即在葡萄园的行间实行人工种草或自然生草（彩图 36），在行内实行清耕、覆盖或除草剂除草。国外葡萄园多采用此种土壤管理方法。生草后，行间土壤不用耕作，定期对草进行刈割，割下的草可以就地腐烂或收集后覆在树行内（彩图 37）。生草法土壤管理可以增加土壤有机质含量，调节地面温、湿度，改善环境气候，增加果园生态系统生物多样性，减弱雨水对地表土层的冲刷，减少水土流失等。但葡萄园采用生草法土壤管理时，草与葡萄树争肥、争水，应注意及时进行施肥和浇水，保证树体肥水所需，生草法一般在土壤水分较好的果园采用。长期生草的果园，表层土壤易板结，影响通气，草根系强大，且其在土壤上层分布密度大，消耗表土层氮素，导致果树表层根系发育不良，应间隔一定年份进行土壤翻耕，更新生草。

葡萄园生草法所用的草种主要有三叶草、野燕麦、紫云英、毛叶苕和绿豆等。

(4) 果园间作 果园间作是指在葡萄园行间种植一年生植物，可以提高土地利用率，是增加物质生产和经济效益的一项有效土壤管理措施。

间作应选择植株矮小、生育期短的作物，充分利用时间差，不与葡萄发生剧烈的养分和水分竞争，不与葡萄有共同的病虫害，具有较高经济价值或具有改良土壤、环境条件功效。间作物应与葡萄植株相距0.5米以上，葡萄开花期和浆果着色期，间作物尽量不灌水，以免影响葡萄坐果和着色。

间作物种类可选择豆类、薯类、瓜类及花生、草莓等，还可以选择食用菌、中药材类等（彩图38）。

(5) 免耕法 又称最小耕作法，主要利用除草剂防除杂草，土壤不进行耕作，果园也不间作。这种方法能够保持土壤自然结构，土壤通气系统较连贯，果树根系遭破坏少。

免耕法管理的土壤容量、孔隙度、有机质、酸碱度、土壤承压强度以及根系分布等都发生显著变化。免耕法地表易形成一层硬壳但并不向深层发展，从而使果园维持土壤自然结构，由于作物根系伸入土壤表层以及土壤微生物的活动，可逐步改善土壤结构，随土壤容重的增加及非毛细管孔隙减少，土壤中可形成比较连续而持久的孔隙网，通气较耕作土壤好，且土壤动物孔道不被破坏，水分渗透有所改善，土壤保水力也好。

免耕法果园无杂草，减少水分消耗，土壤中有机质含量比清耕法高，但比生草法低。免耕法表层土壤结构坚实，便于果园各项操作及果园机械化。免耕法以土层深厚、土质较好的果园采用为宜。

免耕法依靠除草剂控制杂草，喷洒除草剂后杂草死亡速度除与药剂种类、浓度有关外，还与杂草种类、物候期以及土壤、气象条件等有关。使用除草剂时，应针对果园主要杂草种类选用，根据除

草剂效能和杂草对除草剂的敏感度、忍耐力，决定采用浓度和喷洒时期，应用之前应先做小型试验，再大面积使用。

葡萄园常用的除草剂有30％草甘膦水剂、5％精喹禾灵乳油、45.5％氟乐灵乳油。应注意，葡萄园严禁使用2，4-滴丁酯，生产上常见麦田应用除草剂2，4-滴丁酯后导致附近葡萄园出现药害。

2. 肥水管理

（1）施肥　早春土壤温度较低，根系吸收根发生较少，吸收能力差，但随着地温不断上升，根系吸收能力逐渐增强，土壤营养不足将影响树体的生长发育。

如上一年秋季未施用有机肥，此期可结合葡萄出土、平整畦面工作，施入有机肥，一般每亩地施入量为3吨左右。同时施入适量化肥，肥料以氮肥为主，如尿素、硫酸铵等，用量为全年追肥量的10％～15％。施肥应距树干30厘米以外，可开深15～30厘米的浅沟或穴，施入后立即覆土、浇水。

（2）浇水　萌芽前土壤墒情好、含充足的水分有利于葡萄萌芽整齐一致，能否达到这个条件，与上一年入冬前灌封冻水质量以及冬季该地区降雪情况等有关。如此时土壤湿度达田间持水量的65％以上，可以不浇水，以免浇水后降低土温，影响根系生长；否则，应进行1次浇水；另外，如果进行了施肥，则应随即浇水。

（三）病虫害防控

葡萄出土上架期间是防治病虫害的第一个关键时期。葡萄病菌和害虫多在土壤、枝蔓、树干以及残病组织中越冬，此时任务重点是杀灭清除在葡萄枝条、树体、果园地面和支架上的越冬病菌、害虫等，可有效减少病源和虫源密度，为全年病虫害有效防控打下基础。

1. 清理葡萄园　清理田间葡萄架上的枝条、卷须、叶柄，架下枯枝和残病果，清除葡萄架（支柱、桩）上的昆虫越冬卵块（比如斑衣蜡蝉，彩图39）。

2. 剥除树皮　出土上架后，剥除多年生枝上的老树皮。老树皮是病菌和虫卵主要越冬及繁殖场所之一，收集剥除或刮下的老树皮在园外集中烧毁，可极大减少病源和虫源密度，这是葡萄生产上防治病虫害不可缺少的一个环节，可达到事半功倍的成效。剥（刮）除树皮时，重点对象是主干、主蔓上的粗老树皮，注意刮时不要用力过猛，以免伤及枝干韧皮部。

3. **喷石硫合剂** 剥（刮）除老皮后应酌情全树喷5波美度石硫合剂，以杀灭越冬病菌和虫卵。

（四）高接换种

近年来我国各地葡萄生产发展很快，新品种层出不穷，有些品种表现出了极高的经济效益，许多栽培者迫切希望能在最短时间更新原有品种。高接可以有效利用原有植株强大根系，嫁接品种生长势强，当年可恢复架面，第二年即进入盛果期，实现品种转换。高接前应注意做好嫁接准备工作、合理安排嫁接时间并加强嫁接后的管理。

高接换种要有计划。一个葡萄园应有计划、逐步分批进行换种，从人力、物力、技术等方面保证高接换种质量，同时防止对当年产量产生过大的影响。第一，对需要更换的植株进行调查统计和标记，按当地具体情况安排技术力量，落实换接品种。第二，备足接穗，接穗一定要品种纯正、充分成熟、枝条充实、芽眼饱满、不失水、无损伤、不带检疫性病虫害。第三，合理安排嫁接时间，葡萄春季高接换种应避开伤流期。葡萄伤流期一般在葡萄萌芽前半个月左右开始，持续约10天，各地应根据当地情况灵活安排嫁接时间。要注意，若接穗芽眼已经萌动，将严重影响嫁接成活率。因此，要妥善保存好接穗，可放入4℃冰箱冷藏或放入地窖保存，避免接穗提早萌芽。

嫁接方法可采用劈接、腹接。具体操作详见本书第四章嫁接繁殖部分。

（五）压条补缺或育苗

压条繁殖是一个较为古老的苗木繁育方法，它是用不脱离母树

的枝条在土壤中压埋促发新根和新枝，形成新植株的一种繁殖方法。压条繁殖常用于植株行内补空，从而使缺株的地方迅速形成生长旺盛的新的植株。

具体方法：在上一年冬剪时，留下母株基部附近的萌蘖枝，翌春萌芽前进行压条。首先在准备压条的植株附近挖1条深10～15厘米的浅沟，然后将留用压条的枝条下部刻伤处理后，水平压在沟底，用木杈或铁钩固定后，盖上4～5厘米厚的土，踩实，枝条顶端露出地面2～3个芽眼，位于补缺株所处位置，立即浇水。芽萌发后，及时将新梢引缚上架，促进新梢生长，可迅速形成1个新的植株。

也可用一年生成熟枝条进行空中压条育苗。方法是上一年冬剪时适当长留一年生枝，翌春萌芽前将一年生枝适当刻伤处理后，从容器（如花盆）下方穿过，上方露出2～3个芽眼，容器中填入基质或营养土，立即浇水。芽萌发后，及时将新梢引缚上架，促进新梢生长，约2个月后可从容器下部剪断枝条，脱离母体，形成1个新的植株。

四、4月葡萄的精细管理

4月是葡萄萌芽、展叶和新梢生长期。当气温稳定在10℃以上时，葡萄芽开始膨大进而萌发，长出嫩梢。葡萄春季萌芽适时、萌芽整齐是植株健壮的表现，也是获得优质、高产果实的先决条件。

萌芽和新梢开始生长主要依靠贮藏在根和茎中的营养物质，贮藏物质是否充分将直接影响发芽质量。贮藏物质的量与上一年栽培管理，尤其与秋季树体状况有很大关系，管理得当，树势均衡，结果适量，枝条发育充实，芽体饱满，秋季叶幕完整，叶光合性能强，则整个树体贮藏营养充足，萌芽整齐。

如果葡萄冬季埋土防寒做得不好，导致葡萄枝蔓受冻时，植株常表现出发芽迟缓、萌芽不整齐。

如果葡萄冬芽春天不萌发，称为“瞎眼”。引起“瞎眼”的主要原因，一是芽眼不充实，多与上一年结果过多、夏剪过重、秋季早期落叶、树势衰弱、贮藏营养不足等有关；二是从秋季到早春这段时间受低温冻害，芽生长点坏死。“瞎眼”多发时，可造成架面不整齐，产量降低。

本月葡萄园的主要工作是抹芽与定梢、露地硬枝扦插育苗、新建园的苗木栽植、土肥水管理以及病虫害防控。

（一）抹芽与定梢

通常葡萄冬季修剪量很大，容易刺激枝蔓上芽眼萌发，从而产生较多的新梢，新梢过多使树体枝叶密集、通风透光差、光照不良，进而造成坐果率低、果实品质差、新梢成熟度低。通过抹芽和定梢，可以调节树体内的营养状况和新梢数量及生长方向，减少不必要的枝梢，降低营养消耗；架面上的新梢分布合理，叶幕分布均匀，可改善光照，从而促进新梢的生长和花序的发育，提高坐果率和果实品质。

1. 抹芽 一般分两次进行。第一次抹芽在萌芽初期进行，此次抹芽主要是将主干、主蔓基部的萌芽和已经决定不留梢部位的芽以及节位多于1个的副芽抹除。抹芽时应遵循稀处多留、密处少留、留强不留弱的原则。第二次抹芽在第一次抹芽后10天左右进行。此时基本能清楚地看出整体萌芽的整齐度，根据架面空间的大小和需枝的情况，将萌发较晚的弱芽、无生长空间及部位不当的芽进行抹除，从而集中养分，为生长结实打下基础。

2. 定梢 一般在新梢展叶后20天左右、当新梢长至15～20厘米时进行，这是决定植株枝梢布局、果枝比和产量的重要措施之一。定梢时要综合考虑留梢量、留梢方位与种类。

应根据新梢在架面上的密度来确定留枝量，一般是母蔓上每隔10～15厘米留1个新梢；棚架每平方米架面留10～15个新梢，篱架每平方米架面留10～12个新梢，对多余的枝梢及时疏除。

（二）露地硬枝扦插育苗

当土温（15～20 厘米深处）稳定在 10 ℃以上时，可进行苗圃露地的扦插育苗，华北地区一般在 4 月上中旬，更北部地区应适当延后。

1. 育苗地准备　育苗地应选在地势平坦、土层深厚、土质疏松肥沃、有排灌条件的地方。最好选用以前未栽过葡萄或育过苗的土壤，以防土壤中有葡萄残体（可能带有病毒）；曾经种过橡树等树木的土壤，可能引起葡萄根朽病，也不宜用作育苗地，如果要利用这类土壤，应在育苗的前一年进行土壤消毒。

育苗地在前一年秋季深翻土壤 30～40 厘米，结合深翻每亩施有机肥 3～5 米^3，并进行冬灌。早春土壤解冻后及时耙地保墒，扦插可采用平畦扦插、高畦扦插与垄插。平畦扦插适用于较干旱的地区，以利灌溉；高畦扦插与垄插适用于土壤较为潮湿的地区，以便能及时排水和防止畦面过湿。无论平畦扦插还是高畦扦插，扦插前要根据地块形状做好苗床，一般畦长 8～10 米、宽 1 米，扦插行距 30～40 厘米、株距 12～15 厘米，每畦内插 3～4 行。垄插时，垄宽约 30 厘米、高 15 厘米，垄距 40～50 厘米，垄上插 1～2 行，株距 12～15 厘米，这样每亩约插 10 000 根插条。

2. 覆盖地膜　葡萄扦插前先用地膜覆盖苗床或育苗地垄，膜四周用土压紧。扦插时先用较粗的带尖木棍在苗床或垄两边的薄膜上扎个洞，然后将插条插入洞内，插条下部扦插孔用细土密封好，最上边的芽露出 0.5 厘米左右即可，扦插后浇 1 次透水。

地膜覆盖可以提高地温；减少水分蒸发，保持土壤水分；促进葡萄苗木的良好生长；还防止了土壤板结以及杂草丛生，减少了苗圃管理工作量。

3. 扦插后管理　葡萄扦插后到发生新根前的这段时间要防止土壤干旱，一般每 10 天左右浇 1 次水。黏重土壤浇水次数可少些，浇水过多，土壤过湿，地温降低，土壤通气不良，影响插条生根。

插条生根后要加强肥水管理。7 月上中旬苗木进入快速生长阶段，这时应追施速效肥料2～3次。为了使枝条充分成熟，7月下旬至8月应减少或停止施肥、浇水，同时加强病虫害防治，进行主梢、副梢摘心，以促进加粗生长，保证苗木生长健壮。苗木生长期间，要及时中耕锄草，改良土壤通气条件，促进根系生长。

露地扦插是最简单的一种育苗方法，成本低，易推广。但若管理不当，扦插成活率低、出苗率低。

（三）新建园的苗木栽植

1. 栽植时期　葡萄在秋季落叶后至发芽前均可栽植。我国地域广阔，南方地区气候温暖湿润，冬季很短，适合秋季栽植。北方秋季时间较短，冬季气候寒冷干燥，土壤封冻，春季时间也短，气温回升较快，地温上升相对较慢，可秋栽也可春栽。秋栽应视当地冬季具体情况考虑是否需要进行埋土防寒；春栽则待地温达到10℃以上时进行栽植，防止栽植过早、地温低不利发根和吸收水分，导致萌芽不整齐、幼苗生长势弱，甚至栽植成活率低。

春季栽植时，要避免栽前苗木芽子萌动，因此做好苗木的假植工作十分重要。有条件的地区，可以将苗木存放在冷库，保持在4℃左右条件下，注意保湿，防止苗木失水。

2. 栽植密度　首先应根据葡萄架式特点、整形方式和品种生长势确定栽植密度，同时应考虑栽植地的土壤类型、土壤肥力状况、冬季是否需要下架防寒以及园区机械化程度等因素。一般采用棚架整形方法、生长势较强的品种，土壤肥力较强时应适当增大株行距，以提供植株足够的生长结果空间。冬季需要下架防寒的地区，视埋土时取土量的多少，适当调整株行距。果园机械化是葡萄生产发展的方向，在确定栽植株行距时，应考虑机械行间正常行走操作和转向问题，因此，应精心设计栽植行距大小和地头空地空间，以保证机械的正常使用。

棚架栽培株行距一般为（1.5～2.0）米×（3.0～6.0）米，篱架栽培株行距一般为（1.0～1.5）米×（2.0～3.0）米。

为了充分利用土地和空间获得早期丰产，很多葡萄产区在栽植

初期采用了加密栽植的方法，可以在短期内达到成龄葡萄园的叶幕厚度和土地覆盖率。加密设计多采用密株不密行的办法，株距可以根据需要适度缩小，这样既增加了单位面积上的栽植株数，又无须增加架材，管理还方便。待果园较密时，进行隔株间伐，达到原设计的栽植密度。

3. **挖栽植沟与回填**　栽植沟一般宽1.0米，深0.6～0.8米。挖沟前先按行距定线，再按沟的宽度挖沟，将表土与心土分开放置，按沟的规格挖成，然后进行回填。回填时，先在沟底填1层20厘米左右厚的有机物（玉米秆、杂草等），再往上回填心土，同时混合拌入腐熟粪肥，每亩混入3～5吨粪肥。回填土应高出沟面10～20厘米。土壤贫瘠的园地应加大粪肥施入量或进行客土改良。

应提前做好计划，尽量在秋季挖好栽植沟，改良土壤，回填好，浇透水，以免春季浇大水降低地温。

4. **苗木准备**　首先检查经过越冬贮藏的苗木的质量，要保证不失水、不发霉、不受冻，苗茎皮层不发皱，芽眼和苗茎用刀削后断面鲜绿。

葡萄栽植前可将苗木用清水浸泡12～24小时，使苗木吸足水分，取出后对根系进行适当修剪，有利于发新根，根系剪留长度为10～15厘米。

5. **苗木栽植与管理**　栽植时在定植沟上按株距要求定栽植点，栽植点在定植沟的中心，然后在定植点上视苗木根系大小挖定植穴，将苗放入，使根系舒展，根颈与地表等高，覆土踏实，浇水。栽后宜覆盖地膜，以保墒和提高地温，有利于新根发生。

定植后的幼苗根系浅，要避免干旱，并及时中耕除草。

苗木发芽后，根据整形需要选留新梢，抹除多余的萌芽。采用嫁接苗建园的要及时去除砧木萌蘖，以免影响接穗苗的新梢生长。当苗木新梢长达30厘米以上时，应及时将其绑缚在支柱上，以加强顶端优势，促进苗木生长。新梢长达冬剪预留长度时，应进行摘心处理，以促进新梢加粗和枝条成熟。

注意观察病虫害情况，及时喷药防治，保证叶片功能。

（四）土肥水管理

1. 土壤管理 中耕可以改善土壤表层的通气状况，促进土壤微生物的活动；同时，可以防止杂草滋生，减少病虫危害。葡萄园在生长季节要进行多次中耕，在北方土壤湿度小的地区，灌溉后或雨后进行中耕。一般中耕深度5～10厘米，近植株处稍浅，其余地方稍深。有条件的园区建议采用小型旋耕机进行中耕，省工省时，效率高。

春季随着气温、地温不断上升，杂草开始萌芽、生长，应与中耕结合及时清除。采用免耕栽培的果园，应根据情况及时施用除草剂。

2. 肥料管理 此期葡萄吸肥量大约占全年的15%，是否需要施肥要根据上一年秋季肥料施用情况以及葡萄树势强弱而定。如果上一年秋季施用了化肥，且此时树势旺盛，则不用施；反之，则应及时施入。此期施肥以氮肥为主，可每亩施尿素10千克（或相当于尿素氮含量的其他氮肥）。

3. 水分管理 北方春季干旱，空气湿度小，土壤蒸发量大，降水少，应注意观察土壤墒情动态，使土壤湿度保持在田间持水量的65%～75%，有利于新梢生长和花序分化；如果土壤干旱，应及时浇水。有条件的果园，推荐使用滴灌、小管出流等灌溉方式，可有效控制灌水量，省工、节水，方便管理，也有利于葡萄生长。

（五）病虫害防控

葡萄发芽后至开花前是病虫害防治的重要时期之一。此期各种害虫陆续出蛰，病菌数量不断积累，是预防全年病虫害大量发生的关键时期。因田间症状出现很少，果农多对此重视不够，应加强宣传，更新观念，以预防为主，综合防控。

一般情况下，可喷施杀菌剂80%代森锰锌可湿性粉剂500～800倍液。对于没有虫害和螨类害虫危害的葡萄园，使用波尔多液；有虫害和螨类危害的葡萄园，使用苦参碱或藜芦碱。

近年来，在此时期绿盲蝽对葡萄造成一定危害，且有逐年加重趋势，尤其当果园及周边杂草较多时，表现更重。首先，在早春及时清除地边、果园、沟内的杂草，净化果园环境。其次，葡萄萌芽前喷施3～5波美度石硫合剂，可杀死部分越冬虫卵。最后，葡萄萌芽期至新梢展叶期，选用渗透性强的高内吸杀虫、杀卵药剂，常用化学药剂有5%吡虫啉乳油2 000倍液、5%氯氰菊酯乳油850～1 000倍液，生物农药及植物源杀虫剂有苦参碱、1.5%除虫菊素、烟碱等。各种药剂可交替使用，每隔7～10天喷洒1次，连续喷2次。与枣树、桃树相邻的葡萄地块，绿盲蝽发生往往比较严重，可连续喷药3～4次。要掌握好喷药质量，做到喷严喷细，枝蔓、叶、花蕾或幼果及地面杂草要全部喷到。

五、5月葡萄的精细管理

5月是葡萄新梢迅速生长期和开花期，新梢生长、开花坐果需要大量养分和水分。此时树体叶幕已基本形成，叶片光合作用强，养分积累增多，树体生长所消耗营养由贮藏养分为主转向以当年制造养分为主。本月的主要工作是进行合理的土肥水管理，保障枝梢健壮生长；进行夏季修剪调控生长与开花、坐果平衡，促进花序发育，保证坐果率；进行果实无核化处理；以及绿枝嫁接和一年两次结果处理。

（一）土肥水管理

1. 土壤管理 加强土壤管理，保持土质疏松、透气，必要时进行中耕、除草。

2. 施肥 此期地上部新梢迅速生长，叶片大量产生，树体蒸腾作用逐渐增强，带动根系吸收能力不断增加，随之根系从土壤中吸收大量矿质元素，用于植株生长发育，因此应保证土壤中有效养分充分供应。

土壤施肥时，可以在开花前结合灌水，每亩施入尿素10千克

（或相当于尿素氮量的其他氮肥）、硫酸钾5～8千克。

葡萄开花前，植株幼嫩生长点较多，对硼、锌等微量元素需求较高，供应不足将导致开花、受精、坐果不良，产生果实大小粒现象，影响果实品质和产量。在开花前1周进行叶面喷肥，可快速、有效补充营养元素，减少果实大小粒现象，提高坐果率。一般可喷施0.1%～0.3%硼酸、0.1%～0.3%硫酸锌等。

（二）夏季修剪

1. 新梢摘心 葡萄新梢在开花前后生长迅速，势必消耗大量营养，影响花的分化和花蕾发育，加剧落花、落果。对新梢摘心，可以暂时抑制其加长生长，促进养分较多地进入花序，从而促进花序发育，有利开花和坐果。对不带花序的营养枝进行摘心，主要是控制生长长度，促进花序分化，有利枝蔓加粗生长，加速木质化和枝条成熟。

（1）结果枝摘心 结果枝摘心的适宜时间是开花前3～5天，对一些生长势过强、落花落果严重的品种摘心时间还可以更早。一般葡萄结果新梢摘心的操作是：长势强壮的新梢在第一花序以上留5～6片叶摘心，长势中庸新梢留3～4片叶摘心，细弱新梢疏除花序以后，暂时不摘心，以后按营养枝摘心标准操作；或是将小于正常叶约1/3的一段梢尖掐去，而不论花序以上留下多少叶片；具体留叶片数在不同品种间也存在一定差异。另外，也不是所有葡萄品种的结果枝都需要在开花前摘心，凡坐果率很高的品种，如维多利亚等，花前可以不摘心；凡坐果率尚好、通常果穗紧凑的品种，如藤稔、金星无核、红地球和秋红等，花前可以不摘心或轻摘心。

（2）发育枝（营养枝）**摘心** 对没有花序的发育枝（营养枝）进行摘心，可与结果枝摘心同时进行或较结果枝摘心稍迟，一般留8～12片叶，按强枝适当长留、生长期长的地区适当长留的原则灵活掌握。对于冬芽不易萌发的品种（如京亚、巨峰等）和生长势强且冬芽易萌发的品种（如美人指、克瑞森无核等），新梢只要不超过架面，就不用进行摘心，只需在新梢生长超过架面一定长度后，

再进行摘心即可。

对于扩大树冠的主、侧蔓上的延长蔓，若生长较弱则最好选下部较强壮的主梢换头，或留 10～12 片叶摘心，促进加粗生长；生长中庸健壮的延长蔓可根据当年冬季修剪预计的剪留长度和生长期的长短适当推迟摘心时间，使延长蔓充分成熟；生长强旺的延长蔓会分散营养，为避免徒长，可提前摘心。

(3) 绑缚　在葡萄的成形和生长过程中，骨干枝蔓和新梢的引缚十分重要。引缚可将新梢固定在架面的铁丝上，使其生长健壮，架面上分布均匀，充分受光，避免风吹折断，但引缚比较费工。

绑缚的材料多种多样，可用细绳、麻线、麻皮、细铁丝、铁钩等。引缚时不能固定得太紧，以免影响植株生长。在任何情况下，都不能将枝蔓成堆地固定在同一铁丝上，以避免病虫害的发生、发展。

2. 疏花与花序整形　花序疏除与整形是调整葡萄产量、合理负载的重要手段，也是提高葡萄品质、实现标准化生产的关键性技术之一。疏除花序的时间多在开花前 10～20 天开始至始花期结束。对生长偏弱但坐果较好的品种，在新梢上能看清花序的多少和大小时，越早疏除花序越好，以节省养分；对生长强旺但花序较大、落花落果严重的品种（如巨峰及玫瑰香等）可适当晚几天疏除花序，在始花期进行。疏去弱小及过多的花序，有空间的壮枝留 2 个，中枝留 1 个，弱枝不留。

花序整形是以疏松果粒、加强果穗内部通透性、增大果粒和提高着色率为主要出发点，达到规范果穗形状、有利包装和全面提高果品质量的目标，一般在开花前完成。对于中小果穗葡萄品种的花序，剪去副花序、1/4 长的花序穗尖和第一、第二分枝的 1/3 长，该方法在葡萄生产上较为常见，适用于大多数品种；对于大果穗葡萄品种的花序，剪去副花序、1/4 长的花序穗尖，还要按照“隔二去一”的原则疏掉部分分枝；对于需要用赤霉素处理的葡萄品种的花序，只保留穗尖和其上的 6～8 个分枝，可以使花序开花整齐，便于药剂处理。

3. **除卷须** 卷须不仅浪费营养和水分，还会与叶片、果穗、新梢、铁丝等缠在一起，给花果管理和下架等作业带来麻烦，应在其木质化之前及时剪除。

（三）有核品种果实无核化处理

利用植物激素等诱导有核葡萄的种子败育，使其转化为无核葡萄，并形成商品的栽培技术称为有核葡萄无核化（彩图40）。一般需要进行两次处理：在同一花序上的小花全部开放之日进行，常以塑料杯盛25毫克/升赤霉素＋5毫克/升吡效隆溶液浸蘸整个花序进行处理，可使有核葡萄品种果实种胚败育，形成无核果实；葡萄在无核处理后由于种胚败育，果粒变小，为使其增大至正常大小，需要在第一次用药14天后，用25～50毫克/升赤霉素再进行1次蘸果穗处理。

（四）绿枝嫁接

一般在5—6月葡萄枝蔓半木质化时进行，常用于改换葡萄品种或培育嫁接苗。更新品种时，选择健壮的新梢，在基部约5厘米平滑处剪断嫁接接穗。培育嫁接苗时，选择扦插容易生根的葡萄品种或具有抗性（抗寒或抗根瘤蚜）的种类、品种作砧木，距地面30厘米左右剪断嫁接接穗。主、副梢均可作为接穗，采下的新梢应及时去掉叶片，仅留1～2厘米长的叶柄，用湿布包好，防止水分散失。绿枝嫁接主要采用劈接方法，嫁接成活后，接穗上的芽即萌发，及时抹除砧木上夏芽和冬芽萌发的副梢，秋季苗木即可出圃。

（五）一年两次结果

葡萄一年两次结果在生产上有一定的应用价值，特别是在植株受到冻害、霜害或其他原因使一次梢产量遭到损害或不足时，可以利用二次梢结果来弥补产量。在树势健壮且不影响主梢果达到正常质量与产量的前提下，也可利用副梢来进一步提高产量。一般二次

果的果皮较厚，果粒着生稍紧密，果穗与果粒较小，酸度较大。多次结果一般可通过激发冬芽或诱发夏芽来进行。

1. 激发冬芽当年萌发结二次果 在开花前3～6天，对一次梢留8～10节进行摘心，除顶端1个夏芽副梢保留外，其余副梢全部抹去，在花后1～2周摘除顶端暂留的夏芽副梢，再经7～10天后，顶端冬芽被激萌发，一般可得到花序质量较好的冬芽副梢。待冬芽副梢露出花序后，在其花序以上留两片叶摘心，促进坐果。

2. 诱发夏芽结二次果 在主梢开花前15～20天，在主梢上夏芽尚未萌动的节上进行摘心，同时将下部已萌发的夏芽副梢全部抹除，使营养集中于尚未萌动的夏芽中，以获得质量较好的花序原基。

（六）病虫害防控

开花前是葡萄灰霉病、黑痘病、炭疽病、霜霉病、穗轴褐枯病等病害与透翅蛾、金龟、蓟马和螨类等害虫的防治关键时期。在开花前2～3天，应全园喷1次药，选用综合性能好且具广谱性的杀菌剂，兼顾防治多种病害，在发病前降低病源基数。一般可采用30%吡唑·福美双悬浮剂800～1 000倍液＋43%腐霉利悬浮剂600～1 000倍液。螨类发生严重的，加用1.8%阿维菌素乳油3 000～6 000倍液。阴雨天较多，葡萄灰霉病易发生时，加用43%腐霉利悬浮剂600～1 000倍液。有虫害的果园选用联苯菊酯，防治金龟、蓟马和螨类。

如果花前防治措施得当，花期不会发生病虫害，花期则不使用农药，否则影响授粉，也会影响授粉昆虫的活动。

六、6月葡萄的精细管理

6月是葡萄坐果期，随后进入幼果迅速膨大期。此期新梢仍大量生长，且副梢开始大量发生。根系生长进入高峰期，大量新根发生，根系吸收能力强。本月的主要工作是果穗整理、果穗套袋、夏剪副梢处理、肥水管理、病虫防控。

（一）果穗整理

为了提高浆果质量，在葡萄生产中通过疏除一部分花序控制果穗数量，再进行花序整形来修饰穗形，调节每穗果粒数，使每个果穗中的每粒果尽可能获得充足营养、光照，从而促进果实膨大和着色，以达到调控葡萄产量、均衡穗重、规范穗形、提高果实品质的目的。此外，疏果穗可使树体合理负载，有利于树体营养积累，促进新梢发育充实，为翌年生产打下良好基础。

1. **目标产量** 国外优质葡萄生产一般都控制结果量在 1.7～2.0 千克/米^2 的范围内。近年来，随着我国人民生活水平的不断提高，对优质果需求量激增，从优质角度考虑，以每平方米架面产果量 2.0～2.5 千克、每亩产量 1.3～1.7 吨为宜，各地可根据土壤肥力、管理水平适当调整。疏除果穗时，应先确定目标产量，疏除时按目标产量的 1.2～1.5 倍计算。

2. **疏穗** 为减少养分无效消耗，疏穗时间应尽可能早。在坐果前可以进行疏花序，减轻疏穗任务的同时也有利开花与坐果。疏穗则在花后 20 天左右，能清楚看出各结果枝坐果情况，可以估算出每平方米架面的果穗数量时进行。

疏穗应根据树体负担能力和目标产量决定。树体负担能力与树龄、树势、地力、施肥量等有关。树体负担能力较强，可以适当多留一些果穗，对于弱树、老树等负担能力较弱的树体，应少留果穗。树体目标产量与品种特性和当地的综合生产水平有关，如果品种的丰产性能好，当地的栽培技术水平较高，可以适当多留果穗；反之，则应少留果穗。

疏穗时还应考虑着生果穗的新梢的生长势，生长势强的可留 1～2 穗，中庸枝留 1 穗或不留穗，弱枝则不留穗。

3. **疏粒** 在确定果穗后，应对果穗上的果粒进行整理，疏粒应在果粒能分辨出大小粒时进行，此时葡萄已通过生理落果期，果已坐稳。

葡萄果穗疏粒可使果穗大小符合标准，果穗形状一致，果粒匀整、不拥挤。疏粒时，首先把畸形果疏去，其次把小粒果疏去，个别突出的大粒果也要疏去，并疏除部分穗尖的果粒。然后根据穗形要求，剪去穗轴中间过密的支轴和每支轴上过多的果粒。如巨峰，一般每穗保留 12～15 个支轴，每支轴上保留 3～4 粒，每穗留40～50 粒，单粒重约 12 克，穗重 500～600 克，果穗呈短圆锥形；红地球品种小果穗保留 40～50 粒、中果穗 50～60 粒、大果穗保留60～80 粒，粒重 12 克左右，保证小穗重 500 克左右，中穗重 750克左右，大穗重 1 000 克左右；阳光玫瑰葡萄果穗保留 40～50 粒，单粒重 12 克左右，穗重 500～600 克，使果穗成熟时松紧适度、果粒大小整齐、着色均匀、外形美观，符合优质果的标准。

（二）果穗套袋

果穗套袋能有效防止或减轻各种病、虫和日灼对果穗的危害及果实的农药污染和残留；能减少机械摩擦、灰尘污染、鸟兽侵袭等，提高果面光洁度及果色鲜艳度，提高浆果品质等级。但由于袋内光照条件受到限制，着色稍慢，成熟期会推迟 5～7 天；果实含糖量和维生素 C 含量稍有下降；较费工、增加纸袋成本等。

1. 葡萄果实袋的选择　葡萄果实袋需使用经过驱虫防菌处理过的专用纸，纸袋一端开口，并嵌入用于封闭果袋的铁丝，下部预留 2 个通气孔，具有防雨性和足够的透气性，在整个生长季不破不裂。

我国葡萄栽培区域气候类别差异大，应根据当地的气象条件选择果袋。如西北干旱地区海拔高、紫外线强，应选择防日灼的果袋；南方高温、高湿及台风频发区，葡萄病害严重，应选择强度好的果袋；环渤海湾地区，降雨主要集中在 7、8 月，有一定病害威胁，也应选择抗风雨的果袋等。

不同品种还要根据其果穗大小、果实着色特点及对日灼的敏感程度，选择不同的果袋类型，巨峰等散射光着色品种选择白色透明普通木浆果实袋即可，从幼果期套袋直至果实着色成熟，不影响果实色素发育，可连袋采收；而对克瑞森无核等直射光着色品种，应选择透光性好又防日灼的果袋类型。

还可根据栽培方式、架式与树形特点、果穗着生部位等选择果袋。保护地栽培及避雨栽培等方式光照度减弱，果实不易着色，但日灼轻，可以选择透光好的果袋；棚架栽培使果穗见光差，也可以选择透光好的果袋。

2. 套袋时期和方法 葡萄套袋要尽可能早，一般在葡萄花后20天左右，生理落果及整穗和疏粒结束后，果粒呈黄豆大小时进行全树全园套袋。套袋宜选择晴天并避开露水未干和高温时段进行，要避开雨后的高温天气，如遇连阴雨天，应待天晴后天气稳定2～3天再进行套袋，否则会使日灼加重。

套袋前全园喷1次杀菌剂，重点喷布果穗，药液晾干后再开始套袋。套袋时先把纸袋充分撑开，由下往上将整个果穗全部套入袋内，将袋口收缩到穗梗上，用袋上的铁丝扣紧，使果穗悬在袋中央，注意铁丝以上要留有1.0～1.5厘米的纸袋。对于易发生日灼的品种，应尽量多留葡萄果穗周围的营养枝和副梢，对套袋果实进行遮阴，以利葡萄幼果逐渐适应袋内高温、多湿的微气候，防止果实遭受日灼。

3. 摘袋时期和方法 葡萄套袋后可以不摘袋，带袋采收，以生产洁净无污染的果品。如摘袋，则摘袋时间应根据品种、果穗着色情况以及纸袋种类而定。一般红色品种可在采收前10天左右去袋，以增加果实受光，促进良好着色；但如果袋内果穗着色很好，已经接近最佳商品色泽，则不必摘袋；如果使用的纸袋透光度较高，能够满足着色的要求，也可以不必摘袋。巨峰等品种一般不需摘袋，可以通过分批摘袋的方式来达到分期采收的目的。

葡萄摘袋时间宜在上午10时以前和下午4时以后，阴天可全天进行。

（三）副梢利用与处理

葡萄新梢叶腋内的夏芽是早熟性芽，分化形成后当年即可萌发

成为副梢。副梢是葡萄植株的重要组成部分，根据副梢所处位置、生长空间和生长势等进行合理利用可以加速树体的生长和整形，增补主梢叶片不足，提高光合效率，并可利用副梢结二次果。如处理不当，尤其是在主梢摘心的情况下，副梢发生量大且生长势强，会使架面郁闭，通风透光不良，增加树体营养的无效消耗，不利于生长和结果，降低浆果品质。

1. 副梢的利用

(1) 利用副梢加速整形 定植苗当年抽生的新梢不能满足整形需要时，可在新梢生长4～6叶时及早摘心，促发副梢，按整形要求利用副梢培养主蔓。遇到主蔓延长蔓损伤时，也可利用顶端的副梢作延长蔓继续延伸生长。

(2) 利用副梢培养结果母枝 有些品种生长势偏旺，新梢徒长，冬芽分化不良，第二年不易抽生结果蔓，可采取提前摘心和分次摘心的方法促使冬芽旁的夏芽抽生生长势中庸健壮的副梢，利用副梢上饱满、花芽分化良好的冬芽培养结果母枝。

(3) 利用副梢结二次果 某些早、中熟品种的副梢二次果结实率很高，且能充分成熟，品质也不错，可按一次果的培养方法，利用副梢结二次果，这样能排开市场供应，增加收入，充分发挥品种生产潜力。

2. 副梢的处理 副梢处理方法多种多样，常见的有以下几种。

(1) 果穗以下副梢从基部抹除，果穗以上副梢留1片叶绝后摘心，顶端1～2个副梢留2～4片叶反复摘心。此方法保留了一定的副梢叶片，增加了光合面积，有利于营养积累，也比较省工，兼顾性好。

(2) 只保留顶端1个副梢，每次留2～3片叶反复摘心，其余副梢从基部抹除。此方法最省工，少留副梢叶片，减少叶幕层厚度，增加架面透光性，增加架下部果穗、叶片见光度，减少黄叶，促进果实着色。

(3) 顶端1个副梢留3～4片叶反复摘心，其余副梢留1片叶反复摘心。此方法保留的副梢叶片较多，在新梢密度小时，可增加光合面积，有利新梢养分积累；但新梢密度大时，易导致枝叶交叉，相互遮阴，光照不良。另外，反复的副梢摘心，增大了田间工作量，费工。

（四）土肥水管理

葡萄落花后进入幼果生长期，地上部新梢经过摘心等处理，暂时处于生长缓慢期，但地下部根系处于旺盛生长期，出现生长高峰，大量新根发生，发生量为全年最大，根加长生长迅速，根吸收面积不断扩大。

1. **土壤管理** 保持土壤疏松，注意改善土壤透气性。视土壤板结及杂草生长情况中耕1次，深度5～10厘米。行间有间作物或生草管理的葡萄园，应注意及时清除树盘杂草，以保持疏松无杂草的土壤环境。采用地膜或地布覆盖的葡萄园，则无须土壤管理，但应检查覆盖效果，地膜有破损处应及时用土封严，地布上如有杂草长出，应及时拔除。

2. **施肥** 在葡萄幼果坐稳之前，即花后20天内不宜进行土壤施肥，保持土壤环境相对稳定，以利坐果。之后，幼果迅速生长，进入果实膨大期，这一时期枝叶繁茂，加上花芽分化需大量的营养，应及时施入适量肥料，满足葡萄对养分的需求。

果实膨大期施肥一定注意钾肥的施用，葡萄膨果经过两个阶段，第一阶段膨果主要是果皮细胞的分裂，因此着重补磷、钙、锌，促进细胞分裂，增加细胞间紧密度，有利于种子发育，这个时期每亩施用复合肥（$N-P_2O_5-K_2O$养分含量为15-15-15或17-17-17）15～20千克，配合硫酸钾10～15千克，结合喷施0.3%磷酸二氢钾，每7～10天喷1次，喷2～3次。第二阶段膨果主要是去酸增甜，促进产量形成，要注意补磷、钾、镁等，镁有利于减少黄叶、增加干物质形成，这个时期每亩施用复合肥（$N-P_2O_5-K_2O$养分含量为15-15-15或17-17-17）15～20千克，配合硫酸钾15～20千克，结合喷施一些钙、镁、锌和硼

等叶面肥。

根据植株表现或叶分析、土壤养分分析结果及时补充微量元素。微量元素可以通过叶面喷肥的方式补充，微肥可以是单一元素的，也可以是多种微量元素混合的，对改善缺素症效果明显。

3. 水分管理 此期植株的生理机能最旺盛，新梢速长，果实发育，根系处于生长高峰，外界环境气温较高，空气相对湿度小，植株蒸腾作用强，为葡萄需水临界期。适宜的土壤湿度为田间持水量的75%～85%，如土壤水分不足，新梢生长和果实发育停滞，根系活力低，树势弱，果个小，产量低。

北方地区此期雨季尚未到来，坐果后应与施肥配合及时灌水。一定要掌握浇水时间，最好在早晨或者傍晚。同时注意，葡萄园里不要囤水，以免高温造成水分的大量蒸发，加大空气湿度。南方地区已进入雨季，一般年份水分能满足葡萄生长发育需要，但近年来避雨栽培应用广泛，如采用连栋避雨棚，雨水被直接排出葡萄园，则应及时灌溉，以保证葡萄生长、结果需求。

无论北方还是南方，如遇降水过多，应及时排除园内多余水分。

（五）病虫害防控

葡萄落花后到套袋前需要使用1～2次药剂，如套袋时间推迟，要增加药剂的使用次数。落花后2～3天，可喷50%福美双可湿性粉剂500～1 000倍液＋40%嘧霉胺悬浮剂1 000～1 500倍液。有绿盲蝽、蓟马或介壳虫等发生的果园，加用5%吡虫啉乳油2 000倍液。气温较高时，果粒下部的水滴或药滴会加重气灼发生，应避免在高温期施药。

套袋前可喷50%福美双可湿性粉剂500～1 000倍液＋10%苯醚甲环唑水分散粒剂800～1 300倍液＋20%抑霉唑水乳剂800～1 200倍液涮果穗，药水干后套袋。介壳虫危害较重的果园，套袋前加用5%吡虫啉乳油2 000倍液。

七、7月葡萄的精细管理

7月葡萄果实继续膨大，基本达到果实品种固有大小，果实开始变软，有色品种开始着色，称为转色期，之后不同品种陆续进入果实成熟期。浆果成熟所需天数及时期因地区和品种不同，在我国江南地区自然条件下，大多数品种在7月上旬至9月上旬成熟；而我国北方地区葡萄在7月下旬至10月下旬成熟。葡萄浆果从着色或果实变软开始到完全成熟的天数在不同品种间不同，一般早熟品种20～30天，中熟品种30～50天，晚熟品种则50天以上。同一地区、同一品种果实成熟期也受自然条件和栽培技术条件影响，一般气温较高、干旱年份下生长的葡萄比气温较低、雨水多年份的葡萄成熟得早；沙土地比黏土地果实成熟早；结果量适宜比结果量大的年份果实成熟得早；施氮肥多、灌水量大或降水量大时果实成熟较晚。本月的主要工作是进行合理的土肥水管理，做好病虫害防控、架面整理以及果实采收等。

（一）土肥水管理

1. 土壤管理 北方地区逐渐进入雨季，每次降雨后要及时进行中耕，切断土壤毛细管，防止水分蒸发，避免土壤板结，同时除掉田间杂草。南方地区降雨更多，温度高，湿度大，杂草更易生长，需及时中耕，抑制杂草生长，同时保持土壤疏松，增加土壤透气性。

2. 施肥 此期正值果实转色期，合理施肥可提高树体营养水平，促进果实糖分积累，改善浆果品质，促进新梢成熟和提高冬芽分化质量。施肥应提高磷、钾肥所占比例，对于早熟品种，因接近果实成熟期，此时应少施或不施氮肥；中、晚熟品种处于果实膨大期，氮、磷、钾肥应平衡使用，每亩可施用复合肥（$N-P_2O_5-K_2O$养分含量为15-15-15或17-17-17）15～20千克，配合硫酸钾10～15千克。在距树干30厘米处，沿行向挖5～10厘米深的

浅沟施入，施后覆土、浇水。

叶面喷肥可以有效缓解叶片缺素症，根据园内叶片症状选择含单种微量元素或几种微量元素的微肥进行叶面喷肥，如铁肥、镁肥、钙肥等。为提高浆果含糖量、增加着色度、促进果实成熟整齐一致、促进枝条成熟，可结合病虫防治喷施0.3%磷酸二氢钾或1.0%的草木灰浸出液，连喷两次。

3. 水分管理　如果葡萄浆果着色期至成熟期水分过多，枝梢旺长消耗养分，也易造成光照不良，都将影响果实糖分积累，进而造成果实着色不佳，果实风味差，还易发生各种病害。此期应适当控水，保持土壤含水量在65%～75%，要保持土壤水分相对稳定，不出现过旱、过涝现象，以避免裂果现象发生。

葡萄耐涝性较强，但雨后仍要及时做好排水工作。如葡萄园地积水，应抓紧排水，越早越好。葡萄根系只有在土壤含氧量15%以上时，才能旺盛生长；当含氧量降至5%时，根系生长受到抑制，细根开始死亡；当含氧量降至3%以下时，根系窒息死亡。同时，在缺氧环境下，土壤中好气微生物受抑制，阻碍有机肥料的分解，土壤中积聚大量一氧化碳、甲烷、硫化氢等还原物质，毒害根系。起垄栽培可以有效解决根系通气问题，可在非盐碱地区应用（彩图41）。

对于降水量大的地区，葡萄园管理应加大水利设施投入，因地制宜修建水利设施，健全排水系统；建立雨涝实时监测、预警系统；暴雨积水前，控产、中后期控氮栽培可以减少积水对葡萄树体的影响。

葡萄园积水后根系易受损伤，吸收肥水能力降低，不宜施用化肥，避免化肥伤根促使死树。可以使用叶面喷肥，对树体补充营养，增强树体的抗逆能力。待树体恢复之后，土壤含水量降低，施肥量按原计划施入，以促进根系和果实的生长，不必增加用量。

（二）病虫害防控

1. 防治病害　套袋后重点是保护好枝条和叶片，防治葡萄霜霉病和黑痘病等，也要防治果实酸腐病、白腐病、日灼等。套袋后到摘袋，可选用保护剂30%吡唑·福美双悬浮剂800～1 000倍液喷施1～2次。

防治葡萄霜霉病和各类害虫，可喷布10%苯醚甲环唑水分散粒剂800～1 300倍液+80%波尔多液可湿性粉剂300～400倍液。杀虫剂可选择5%吡虫啉乳油1 000～2 000倍液、80%敌百虫可溶性粉剂700倍液等。

转色期前后是葡萄酸腐病的重要防治期。由于酸腐病是后期病害，必须选择能保证食品安全的药剂。根据资料及近几年对化学药剂的筛选试验，铜制剂和杀虫剂配合使用是目前酸腐病化学防治的推荐办法。转色期前后使用80%波尔多液可湿性粉剂300～400倍液，配合联苯菊酯（100克/升）乳油3 000～4 000倍液、高效氯氟氰菊酯等进行防治。

2. 防止果实日灼 葡萄日灼是一种非侵染性生理病害，幼果膨大期强光照射和温度剧变是日灼发生的主要原因，果穗在缺少荫蔽的情况下，受高温、空气干燥与阳光的强辐射作用，果粒幼嫩的表皮组织水分失衡发生灼伤。日灼一般发生在幼果期或膨大期，最初表现为失水、凹陷、浅褐色小斑，随着病情加重，病斑面积逐渐扩大。

葡萄日灼发生严重程度与气候条件、架式、树势强弱、果穗着生方位及结果量、果实套袋时间及果袋质量、果园田间管理情况等因素密切相关。葡萄结果多、植株根系生长和树势差、叶片小而少、施肥不均匀、修剪不合理或者枝条修剪过度，使果穗不能得到适当遮阴等都会导致葡萄发生日灼。

葡萄日灼防治措施主要有。

（1）提高结果部位，均匀枝叶分布 尽量选用棚架、V形架等架式，以提高结果部位，避免因果穗离地太近导致果面温度升高。及时进行摘心、整枝、缚蔓等，保持枝条均匀分布，使果穗避免阳光直射。

（2）地面覆盖及间作 实施覆草或生草栽培，行间种草、行内

进行秸秆覆盖，减少阳光对地面的直接照射而引起地表温度过度升高，减少地面水分蒸发。

(3) 加强土肥水管理　在日灼高发期，对于土壤干燥的地块，应保证水分的充分供给和均衡供应。灌水要选择在地温较低的早晨和傍晚进行，要小水勤灌，避免大水漫灌。多施有机肥，改善土壤结构，提高土壤的保水保肥能力。

(4) 科学套袋或打伞　对易发生日灼的品种可选用透光率低的深色袋、双层袋等。不套袋的果园也可采用打伞的方法，即在果穗上方套上 1 个纸伞，减少阳光对果穗的直射，起到防止日灼的作用。

3. 防止鸟害　葡萄果实快要成熟时糖分较高，香味浓郁，极易吸引大量鸟类啄食，经鸟啄食的果穗不整齐，且被啄破的果粒很易感染病害，造成烂果，直到全部果穗烂掉，因此，每年鸟害给葡萄产业造成了巨大损失。生产上果农尝试各种驱鸟方法，如扎假人、挂彩带、挂光盘、使用驱鸟剂、放鞭炮、播放驱鸟声波、设置防鸟网等，目前情况下以设置防鸟网效果最佳。

防鸟网的架设要根据葡萄植株的高度设立柱，立柱一定超过植株高度的 1 米以上。防鸟网架设要将横向和纵向用铁丝连接成一个个的网格，将铁丝的两端固定好，用紧线器将铁丝拉紧、固定，然后在其上架网。葡萄园防鸟网的设置成本一般在每亩 250 元左右。

(三) 架面整理

1. 副梢处理　及时处理好新梢上的副梢，一般采用顶部副梢留 3～4 片叶反复摘心，其余副梢作“留一叶绝后”处理。应尽量减少园中幼嫩叶片的数量，从而减少葡萄霜霉病发病概率。

2. 枝梢和卷须处理　经常检查植株生长状况，对延长生长的新梢根据空间情况及时绑缚，使架面枝梢分布均匀，通风透光好，有利枝梢生长和果实发育。及时摘除卷须。

3. 清洁果园　及时清除病叶、病枝、病果，收集起来集中销毁。

（四）果实采收

果实成熟后及时科学地采收，直接关系到当年葡萄产量、浆果品质和经济效益。

1. **葡萄采收期的确定** 采收过早，果实着色差，糖分积累少，酸度大，品质差，货架寿命短，不耐贮藏；采收过晚，易落果，果皮皱缩，果肉变软，有些皮薄及具有芳香气味品种易裂果，招来蜂、蝇等害虫，导致病害发生。适期采收既可保证果品质量，又能减少树体的营养消耗，有利于翌年春季的发芽、坐果和新梢、叶片的健壮生长。

鲜食葡萄应在果实食用成熟度达到该品种应有的色、香、味时进行分期分批采收，白色品种由绿色变黄绿或黄白色，略呈透明状时采收；紫色品种由绿色变成浅紫色、紫红色，具有白色果粉时采收；红色品种由绿色变浅红或深红色时采收。果肉硬度由坚硬变为富有弹性时采收，弹性程度因品种而异。果实的糖酸含量、肉质风味和香气达到各品种固有的特性，穗梗基部木质化，适于鲜食品种的贮运。有些脆肉型鲜食葡萄，为了增强风味可以适当延迟采收，能继续提高浆果品质。

2. **葡萄采收技术** 鲜食葡萄最好采收、分级、装箱等一次完成到位，要求果穗完整无损、整洁美观，利于贮藏保鲜和延长货架寿命。采收最好在晴天的早晨露水干后进行，切忌采收前 10 天内在葡萄园内灌水，及在雨后或炎热日照下采收，否则浆果容易发霉腐烂，不易贮运。

采收时一只手托住果穗，另一只手用剪刀将果穗从果穗轴基部剪下，轻拿轻放，尽量不摩擦果粉、不碰伤果皮、不碰掉果粒，保持果穗完整无损，整洁美观。采收同时进行果穗清理，将其中病、虫、青、小、残、畸形的果粒剪除。

采收后，应立即使用 1 次保护性杀菌剂，一般使用波尔多液 200 倍液［1∶(0.5～0.7)∶200］，每 5 天左右用 1 次铜制剂，一直到落叶。

八、8月葡萄的精细管理

8月我国大部分地区气候炎热，北方雨水较多，雨热同季，植株生长旺盛；葡萄霜霉病、灰霉病、炭疽病、白腐病等易流行发生；中熟葡萄品种果实陆续成熟。本月主要工作是继续做好土肥水管理、有效防控病虫害发生流行、进行架面整理做好果实的采收和销售等工作。

（一）土肥水管理

1. **土壤管理** 保持土壤疏松，注意改善土壤透气性。视土壤板结及杂草生长情况进行中耕，深度5～10厘米。果园地面或树盘下可用稻草、秸秆、杂草、锯木屑等进行覆盖。

2. **施肥** 已采收的果园，每亩可施用复合肥（$N-P_2O_5-K_2O$养分含量为15-15-15或17-17-17）15～20千克。未采收的中晚熟品种，应减少氮肥施用或不施氮肥，增加钾肥供应，提高果实品质，每亩可施用复合肥（$N-P_2O_5-K_2O$养分含量为15-15-15）15～20千克，配合硫酸钾10～15千克，结合喷施0.3%磷酸二氢钾，每7～10天喷1次，喷2～3次。

3. **水分管理** 此期正值雨季，应重点做好果园排水工作，防止积水。

早熟品种果实已采收的，应结合施肥及时浇1次水，以恢复树势，促进枝条成熟；中晚熟品种果园，为提高浆果品质，增加果实的色、香、味，应控制灌水。但应注意适宜的土壤水分是保证果实充分成熟的先决条件，果实成熟前土壤过旱也会影响光合作用，叶片光合性能下降，营养积累少，果实糖分含量增加缓慢，在高温下还会增加果实日灼发生率。突遇降大雨或浇大水，果实容易出现裂果。因此，保持适宜、稳定的土壤含水量十分重要。

（二）病虫害防治

此期葡萄处于高温、高湿环境，风雨频繁，是葡萄霜霉病、炭疽病、白腐病、灰霉病等病害发生盛期，如防治不及时或不当，常出现叶片早期脱落、果实腐烂现象，严重的可导致有产无收。早期落叶对葡萄树体伤害极大，直接影响树体贮藏养分积累、枝蔓成熟和越冬性以及翌年早春的生长。因此，在夏末秋初，防止早期落叶、保持良好的叶幕和较强的叶功能至关重要。

一般间隔 10 天左右喷 1 次药，频次与降水有关，降水多，喷药频次高，降水后及时喷药。最好交替使用 1∶(0.5～0.7)∶200 波尔多液与有机杀菌剂，具体杀菌剂种类和使用浓度见第四章病虫害防控部分。

(三) 架面整理

1. **继续做好副梢处理、去卷须和新梢绑缚工作**

2. **摘叶** 为了促进着色，对中、晚熟品种中果实需要直射光才能着色的，要将贴近果穗处遮光的老叶摘去，使果穗见光良好。

3. **剪梢** 将新梢顶端部分剪去 30 厘米以上，可改善植株内膛光照和通风条件，促使新梢和果穗能更好地成熟。应注意剪梢量不宜过大，否则会削弱树势，延迟果实成熟。

4. **清洁果园** 及时清除病叶、病枝、病果，集中销毁。

(四) 果实采收

根据果实的成熟度进行分期采收，严格掌握采收标准，防止早采，确保果实品质。

九、9 月葡萄的精细管理

9 月我国大部分地区气候开始转凉，昼夜温差逐渐增大，降水明显减少。新梢和副梢的生长日趋缓慢，枝蔓成熟度增加；植株体内逐渐开始积累养分；根系活动旺盛，迎来又一次生长高峰。晚熟品种葡萄果实陆续成熟。本月主要工作是继续做好土肥水管理、秋施基肥、有效防控病虫害以保叶防早期脱落、进行架面整理提高叶

片光合效能、做好果实采收和销售等工作。

（一）土肥水管理

1. 土壤管理　深翻是土壤管理的重要内容。如葡萄园地选在沙荒地、贫瘠的山坡或过于黏重的地段时，可利用深翻进行土壤改良，为根系生长创造良好的环境。

深翻可以改变土壤理化性质，调节水、热、气状况，增加土壤孔隙度，增加土壤微生物种类和数量，促进土壤熟化。

秋季是北方果园深翻最适宜的时期，此时葡萄地上部已无明显生长，但叶片仍具较高光合能力，养分开始积累，根系正处于秋季发根高峰时期，深翻后根系伤口容易愈合，且愈合后细根发生量极大，而几乎不发生生长极旺的新根，这些根越冬后构成翌年春季发根的早期高峰。南方地区气候温暖，降水较多，秋、冬、春三季均可进行深翻。

深翻方式可因地形和土壤灵活掌握，一般有深翻扩穴、隔行深翻和全园深翻。幼树多采用深翻扩穴，进一步过渡到隔行深翻和全园深翻。

一般深翻的深度为50～60厘米。深翻扩穴时要注意与原来定植穴打通，隔行深翻时要与原定植沟（穴）或上次深翻处打通。

深翻最好结合有机肥施用。深翻时，将地表熟土与下层心土分开放置，回填时心土与秸秆、杂草等粗有机物填入底层，再将熟土与有机肥、适量化肥等混匀后回填。

深翻时尽量少伤或不伤骨干根，深翻后及时回填，并立即浇透水。

2. 施肥　此期是葡萄施用有机肥的最佳时期。葡萄有机肥除提供一定养分外，主要起改良土壤理化性质、提高土壤微生物活性、增强土壤保肥保水能力的作用，因此，有机肥以挖沟、挖穴或结合深翻施入为佳。此期动土，伤根容易愈合，切断一些小根起到修剪根系的作用，刺激伤口处发生大量吸收根，既可加速对氮及有效磷、钾等元素的吸收，增加树体营养，又有利于增强翌年早春根系吸收功能。施入的有机肥料可逐渐分解，为翌年春天根系及早供给可吸收态养分，为萌芽、新梢生长、开花、坐果提供充足的养分来源。

目前部分地区果农仍有春季施有机肥的习惯，主要是在埋土防寒地区结合葡萄出土进行，一定程度上可以省工。但由于春季翻土失水较多，容易造成春旱；春季地温较低，伤根不易愈合，新根发生迟缓；施入的肥料起效较晚，难以在早春供应树体所需，效果远不如秋季施用，弊远大于利。

有机肥的施用方法有条（沟）状施肥、穴状施肥、放射状施肥等，详情见本书第四章。

施肥量一般为每亩葡萄园施入优质有机肥 3 000 千克左右，掺入一定量的化肥，每亩可施用复合肥（$N-P_2O_5-K_2O$ 养分含量为 15－15－15 或 17－17－17）30～35 千克。

3. 水分管理 因采前为保障果实品质，土壤多处于适当水分胁迫状态，果实采收后，应及时进行 1 次浇水，有利提高叶片功能，增强光合作用，积累更多养分。

对进行秋季施肥的葡萄园，施肥后要及时浇 1 次水，使土壤与根系密接，促进新根发生和养分吸收。

此期晚熟品种正值浆果成熟期，应控制土壤水分，避免浇水过多，提高果实品质。水多时及时排水，并注意防止裂果；如土壤干旱，可在采前 10～15 天适当浇水，保证浆果正常发育和成熟。

（二）病虫害防治

随着外界温度的逐渐降低、湿度减小，葡萄病虫害发展减慢，防护较好的园区此时主要使用保护性药剂即可。如果病虫害较重，则需加强防治，以减少病虫害的越冬基数，为翌年的病虫害防治打下基础。

采收后，应立即使用 1 次保护性杀菌剂，一般使用波尔多液 200 倍液［1∶(0.5～0.7)∶200］，以后每 15 天左右喷 1 次，一直到落叶。

如果葡萄霜霉病发生普遍，首先使用1次甲霜灵·锰锌或48%烯酰·霜脲氰悬浮剂2 000～3 000倍液，再使用波尔多液等铜制剂正常防治。若葡萄褐斑病发生普遍，首先使用1次80%代森锰锌可湿性粉剂500～800倍液、10%多抗霉素可湿性粉剂800～2 000倍液，再使用波尔多液等正常防治。葡萄霜霉病和褐斑病都发生普遍，首先使用10%多抗霉素可湿性粉剂800～1 000倍液，再使用波尔多液等正常防治。

（三）架面整理

（1）及时处理副梢，摘除病叶、老叶，剪除病枝、烂果穗、烂果穗梗等，及时绑蔓，保持架面整洁，通风透光。

（2）及时去除枝梢上的幼嫩部分，促进枝蔓充实。

（3）对晚熟品种可适当进行剪梢、摘叶处理，以增加果穗见光，促进果实着色。

（四）果实采收

根据果实的成熟度进行分期采收，严格掌握采收标准，确保果实品质。

十、10月葡萄的精细管理

10月气温继续下降，降水较少，光照充足，叶片仍具有一定光合效能，叶片制造的营养物质向枝蔓和根系运输，树体贮藏养分迅速增加，为越冬做好准备。晚熟品种和二次结果的果实陆续成熟。本月主要工作是继续做好土肥水管理、有效防控病虫害发生流行、做好果实的采收和销售等工作。

（一）土肥水管理

1. 土壤管理　视土壤板结及杂草生长情况，及时进行中耕除草。继续完成深翻作业。

2. **施肥** 晚熟品种采收后及时施有机肥，方法同前。

3. **水分管理** 结合施有机肥，灌水1次。

（二）病虫害防治

采收后，应立即使用1次保护性杀菌剂，可使用波尔多液200倍液［1∶(0.5～0.7)∶200］。

春季绿盲蝽危害严重的葡萄园，此期正值绿盲蝽成虫回迁至葡萄园产卵越冬，应及时对葡萄枝蔓及果园杂草喷药，以减少越冬害虫数量，可使用5%吡虫啉乳油2 000倍液、5%氯氰菊酯乳油850～1 000倍液。

（三）果实采收

根据果实的成熟度进行分期采收，严格掌握采收标准，确保果实品质。晚熟品种也常用于贮藏，以供应冬季或翌年春季市场，获取更高效益。对于用于贮藏的果实要进行更加严格的选择，选用无病虫害、果穗整齐、果粒无裂伤、成熟度好、品质优的果实，采收时轻拿轻放，避免碰伤，最好一次入箱不倒箱，增加耐贮性。

十一、11月葡萄的精细管理

11月葡萄进入落叶期和休眠期。本月主要工作是进行葡萄整形修剪、采集插条和贮存、苗木出圃、清理果园等工作。

（一）水分管理

北方葡萄园在落叶后、土壤上冻之前全园浇1次透水，即封冻水。此时植株蒸腾量和土壤蒸发量均为全年最低，土壤在整个冬季保持较好的墒情，缓冲能力强，可显著提高树体越冬抗寒性。南方葡萄园视土壤水分状况适时灌水，尤其是本月施有机肥的果园，应在施肥后立即灌水。

（二）病虫害防治

结合冬季修剪剪除病虫枝蔓，修剪后的枝条集中处理。清理葡萄园内及周边的病果、病枝、病叶和杂草，及时焚烧或深埋。

（三）冬季修剪

冬季埋土防寒地区一般在秋季落叶后随即进行修剪，以便及时下架防寒。冬季不用埋土防寒地区可在落叶后2～3周至翌年树液流动前进行修剪。

1. 冬剪的方法　冬剪有短截、疏剪、缩剪3种方法。

短截是指将一年生枝剪去一部分。按剪留长度不同，短截可分为短梢修剪（剪留1～4个芽眼）、中梢修剪（剪留5～7个芽眼）、长梢修剪（剪留8个或更多芽眼）。短截时应选留成熟度好的健壮一年生枝作结果母枝，剪口要平滑。一般剪口下的枝条粗度应在0.6厘米以上，细的短留，粗的长留。剪口距下面的芽眼3～4厘米，以防剪口风干影响芽眼萌发。

疏剪即将一年生枝或多年生蔓从基部彻底剪除。主要是疏除过密枝、病虫枝、枯枝、细弱枝及没有利用价值的萌蘖枝。疏枝要注意伤口不要过大，不同年份的伤口尽量留在主蔓的同一侧，避免造成对伤口，影响树体内养分和水分的运输。

缩剪是将二年生以上的枝蔓剪截到分枝处或一年生枝处。主要用来更新、调节树势和解决光照。多年生弱枝缩剪时，应在剪口下留强枝，起到更新复壮的作用。多年生强枝缩剪时，宜在剪口下留中庸枝，并适当疏去留下部分的超强分枝，以均衡枝势，削弱营养生长，促进成花结果。

2. 主、侧枝的修剪　处于整形过程中的葡萄植株，冬剪的重点是进一步选好主、侧蔓，并在适当位置的成熟节位饱满芽处剪截。已完成整形任务的盛果期植株，要保持主、侧蔓的旺盛生长势头，以小更新为冬剪的重点，包括主、侧蔓换头和选留预备蔓等。开始衰老的植株要进行大更新修剪。如主、侧蔓结果部位外移的，可进行回缩更新修剪，并更新中、下部枝组，改善光照，促进中、下部发生健壮新梢结果。主蔓衰弱，产量极少时，可在主蔓下部选留新梢，精心培养成主蔓的预备蔓。预备蔓开始结果后，可剪去原主蔓，由预备蔓替代成为新主蔓。

3. 结果枝组的培养和修剪　结果枝组是具有两个以上分枝的结果单位，其上着生结果母枝和新梢。

一般情况下，从结果母枝上萌发一些新梢或将强壮新梢提前摘心后又促发几个副梢，精心培养，冬剪时新梢或副梢短截成为新的结果母枝，原结果母枝或原新梢就成为具有两个以上分枝的结果枝组。

随着枝龄增加，伤口增多，并出现枯桩，枝组营养输送能力削弱，枝组逐渐衰老，这时可逐渐回缩老枝组的结果母枝，刺激主蔓或枝组基部潜伏芽萌发。对潜伏芽新梢，疏去花序，不让结果，促进生长。如果新梢强壮，于5～6片叶时摘心，促发副梢。冬剪时副梢短截后即成为新的枝组，将周围老枝组疏剪，逐年更新复壮全部枝组。每年如此，每个枝组3～5年即可得到更新，可保证枝组健壮，植株连年丰产。

4. 确定结果母枝的修剪长度　结果母枝的修剪长度应根据具体条件来决定。因为一种修剪制度的形成往往受多方面因素影响，如品种特性、整枝形式、栽培管理条件和习惯等。一般情况下，绝大多数品种无论是采用短梢修剪，还是长梢修剪，只要一系列栽培管理措施能够相互协调，都能获得大致相同的产量和质量。因此，不宜单纯根据品种结果习性来确定修剪长度，也不宜机械地划分为长梢修剪品种和短梢修剪品种，当然也不排除根据品种的特性来进行修剪。

3种结果母枝的修剪长度均有一定的伸缩性，一般需根据结果母枝的粗度灵活掌握。在规定的留芽数范围内，原则上粗壮而充实的结果母枝可适当长留，反之宜适当短留。

5. 结果母枝更新　在采用中、长梢修剪时，为了控制结果部位的外移和保证每年获得质量较好的结果母枝，一般都采用双枝更

新的修剪方法，即在中梢或长梢的下部留一个具有两个芽的预备枝，当中、长梢完成结果任务后，冬剪时在预备枝上发出的两个新梢，靠上部的仍按中、长梢修剪，下部的仍剪留两个芽作为预备枝。

另外也可采用单枝更新修剪，即冬剪时不留预备枝，只留结果母枝，翌年萌芽后，选择下部良好的新梢培养成结果母枝。短梢修剪时不需另外留结果母枝，短梢本身起到结果母枝和预备枝的双重作用，但在每年冬剪时仍应尽可能选留靠近主蔓的新梢作为短梢结果母枝，使结果部位不外移。当枝组基轴过长时，宜及时利用下部潜伏芽发出的新梢进行回缩更新，使结果部位不致远离主蔓。

国外近年来推行机械化修剪，主要采用机械将整行树的树冠上方、两侧剪齐，剪后树冠成箱子状。机械化修剪最大的优点是省工、省时，可减少劳动力投入。另外，在美国加利福尼亚州葡萄园，冬季修剪产生的剪口常导致枝干病害发生严重，而葡萄晚剪（在萌芽前进行）可有效减少此类枝干病菌侵染，因手工修剪需时较长，限制了晚剪措施的应用，而机械化修剪可在短时间内完成作业，有效解决这个问题。

（四）越冬防寒

葡萄抗寒性较弱，在冬季绝对最低气温平均值－15 ℃地域线以北地区都要采取越冬防寒措施。葡萄枝蔓柔软，结合适宜的树形，生产上一般可采用埋土防寒方式（彩图 42）。

葡萄埋土防寒时期因各地气候条件而异，一般应在葡萄园土壤结冻前 1 周左右进行。如果埋土防寒过晚，土壤一旦冻结，除给埋土带来困难外，冻块之间容易产生空隙，冷空气易透进防寒土堆而使植株受冻；如果埋土防寒过早，植株没有得到充分抗寒锻炼，越冬抗寒能力差，同时土堆内温度较高，易滋生病菌使葡萄枝芽受害。

葡萄埋土防寒方法较多，常用的为地面实埋防寒法。具体做法是：将修剪后的枝蔓顺一个方向依次下架、理直、捆好、平放，然后从行间取土，埋在枝蔓上；埋土时先将枝蔓两侧用土挤紧，然后覆土至所需要的宽度和厚度，埋土时应边培土边拍实，防止土堆内透风。在河北中部地区，埋土防寒多在 11 月中旬进行，一般埋土的宽度为 1 米，枝蔓上覆土约 20 厘米厚。冬季越寒冷的地区，其埋土的宽度和厚度应适当增加。

近年来，许多葡萄园利用埋藤机进行机械埋土，省工、省力、效率高，而且土被打碎后扬起埋在枝蔓上，没有土块，土堆严实，防寒效果好，值得大力推广应用。

（五）种条采集和贮藏

葡萄冬剪时剪下大量一年生枝条，生产上常用作繁殖材料，可用于冬季室内嫁接或翌年春天硬枝扦插，具体操作见本书第四章葡萄繁殖与育苗部分。

（六）苗木出圃

葡萄落叶后到土壤封冻前是苗木出圃时期，具体操作见本书第四章葡萄繁殖与育苗部分。

十二、12 月葡萄的精细管理

12 月为葡萄休眠期。南北方气候差异较大，各地根据具体情况合理安排工作。

（一）土壤管理

南方成年葡萄园完成土壤翻耕、客土、培土等工作，培肥地力。南方幼年葡萄园加强对绿肥作物的肥水管理。

（二）冬季修剪

南方葡萄园在 12 月下旬进行冬季修剪。整形修剪方法可根据当地品种、树形、树龄、树势、立地条件、管理水平、目标产量等

具体情况灵活运用。

（三）清园

彻底清扫园地，将园内枯枝、落叶、卷须、已老化的纤维绳、杂草清除干净，保持葡萄园清洁。

（四）越冬巡查

对埋土防寒葡萄园，要经常察看埋土情况，遇有跑风漏气、鼠洞等情况，及时修补封堵，确保防寒效果。对不需埋土防寒的葡萄园，应防范火灾等。

主要参考文献

杜国强，师校欣，2014. 葡萄园营养与肥水科学管理［M］. 北京：中国农业出版社.

段长青，刘崇怀，刘凤之，等，2019. 新中国果树科学研究 70 年——葡萄［J］. 果树学报，36（10）：1292-1301.

管乐，亓桂梅，房经贵，2019. 世界葡萄主要品种与砧木利用概述［J］. 中外葡萄与葡萄酒（1）：64-69.

国家葡萄产业技术体系资源与育种研究室，2010. 葡萄新品种汇编［M］. 北京：中国农业出版社.

蒯传化，刘崇怀，2016. 当代葡萄［M］. 郑州：中原农民出版社.

李华，2008. 葡萄栽培学［M］. 北京：中国农业出版社.

刘照亭，郭建，任俊鹏，等，2014. 葡萄棚架“飞鸟型”树形的整形修剪技术［J］. 浙江农业科学（9）：1375-1377.

宋文章，马永明，2010. 葡萄品种 100 个［M］. 银川：宁夏人民出版社.

王鹏，吕中伟，许领军，2010. 葡萄避雨栽培技术［M］. 北京：化学工业出版社.

王西平，张宗勤，2015. 葡萄设施栽培百问百答［M］. 北京：中国农业出版社.

王忠跃，2009. 中国葡萄病虫害与综合防控技术［M］. 北京：中国农业出版社.

王忠跃，2017. 葡萄健康栽培与病虫害防控［M］. 北京：中国农业科学技术出版社.

伍国红，李玉玲，孙锋，等，2018. 吐鲁番葡萄干的种类及制干品种发展趋势［J］. 西北园艺（果树）（3）：49-51.

吴伟民，赵密珍，钱亚明，等，2009. 葡萄设施根域限制栽培与“H”形整形修剪技术［J］. 江苏农业科学（4）：183-185.

肖丽珍，鲁会玲，覃杨，等，2015. 寒地设施葡萄单层单臂水平龙干形的整形修剪技术总结［J］. 中外葡萄与葡萄酒（3）：48－50.

谢圣霞，胡成学，赵国荣，2017. 酿酒葡萄“厂”字形栽培技术［J］. 农村科技（1）：40－42.

叶利发，徐春明，蔡平，等，2012. 夏黑葡萄“H”形树形平棚架避雨促成栽培［J］. 江苏农业科学，40（3）：134－135.

张培安，冷翔鹏，樊秀彩，等，2018. 葡萄砧木种质资源现状及其研究进展［J］. 中外葡萄与葡萄酒（3）：58－63.

张玉星，2005. 果树栽培学各论（北方本 3 版）［M］. 北京：中国农业出版社.

赵胜建，2009. 葡萄精细管理十二个月［M］. 北京：中国农业出版社.

图书在版编目（CIP）数据

葡萄生产精细管理十二个月 / 师校欣，杜国强主编
.—北京：中国农业出版社，2022.6（2024.3 重印）
（果园精细管理致富丛书）
ISBN 978-7-109-29393-9

Ⅰ.①葡… Ⅱ.①师… ②杜… Ⅲ.①葡萄栽培
Ⅳ.①S663.1

中国版本图书馆 CIP 数据核字（2022）第 076795 号

中国农业出版社出版
地址：北京市朝阳区麦子店街 18 号楼
邮编：100125
责任编辑：李 瑜 黄 宇　　文字编辑：齐向丽
版式设计：王 晨　　责任校对：沙凯霖
印刷：中农印务有限公司
版次：2022 年 6 月第 1 版
印次：2024 年 3 月北京第 2 次印刷
发行：新华书店北京发行所
开本：880mm×1230mm 1/32
印张：6　　插页：4
字数：160 千字
定价：32.00 元

彩图1　黑芭拉多

彩图2　火焰无核

彩图3　金星无核

彩图4　矢富罗莎

彩图5　夏　黑

彩图6　夏黑结果状

彩图7　香　妃

彩图8　藤　稔

彩图9　阳光玫瑰

彩图10　阳光玫瑰结果状

彩图11　红地球

彩图12　克瑞森无核

彩图13　龙　眼

彩图14　龙眼结果状

彩图15　牛　奶

彩图16　美人指

彩图17　意大利

彩图18　早春剪口伤流

彩图19　果穗着生位置

彩图20　营养袋扦插育苗

彩图21　扦插生根

彩图22　嫁接（绑缚前）

彩图23　葡萄嫁接机

彩图 24　苗木栽前石硫合剂消毒

彩图 25　避雨栽培

彩图 26　早春缺氮症状

彩图 27　氮素过量　叶缘胺析出

彩图 28　冬剪修剪量测定

彩图 29　开沟机施有机肥

彩图30　葡萄园滴灌

彩图31　缺镁症状

彩图32　缺镁症状

彩图33　缺铁黄化

彩图34　根癌瘤

彩图35　绿盲蝽成虫及为害

彩图36　行间生草

彩图37　行间生草机械粉碎生成绿肥

彩图38　葡萄园间作花生

彩图39　斑衣蜡蝉

彩图40　花期无核化处理

彩图41　起垄栽培

彩图42　埋土防寒